总主编简介

　　吴德星，男，山东省无棣县人。毕业于山东海洋学院，青岛海洋大学物理海洋学博士，现任中国海洋大学校长、教授。

　　吴德星教授现为国家重点基础研究发展规划（973计划）项目首席科学家，第十一届全国人大代表；兼任教育部高等学校地球科学教育指导委员会副主任委员，国家自然科学基金委员会地球科学部第三、四届专家咨询委员会委员，中国海洋学会副理事长、中国海洋湖沼学会副理事长等多项社会职务。

　　吴德星教授长期从事物理海洋学研究，曾获省部级多项奖励。2004年起享受国务院政府特殊津贴，2008年由韩国总统李明博授予"大韩民国宝冠文化勋章"。

魅力港城

史宏达◎主编

文稿编撰/吴欣欣 曹飞飞 薛坤
图片统筹/韩洪祥

中国海洋大学出版社

· 青岛 ·

畅游海洋科普丛书

总主编　吴德星

顾　问

文圣常　中国科学院院士、著名物理海洋学家
管华诗　中国工程院院士、著名海洋药物学家
冯士筰　中国科学院院士、著名环境海洋学家
王曙光　国家海洋局原局长、中国海洋发展研究中心主任

编委会

主　任　吴德星　中国海洋大学校长
副主任　李华军　中国海洋大学副校长
　　　　杨立敏　中国海洋大学出版社社长
委　员　(以姓氏笔画为序)
丁剑玲　干焱平　王松岐　史宏达　朱　柏　任其海
齐继光　纪丽真　李夕聪　李凤岐　李旭奎　李学伦
李建筑　赵进平　姜国良　徐永成　韩玉堂　魏建功

总策划　李华军

执行策划

杨立敏　李建筑　李夕聪　朱　柏　冯广明

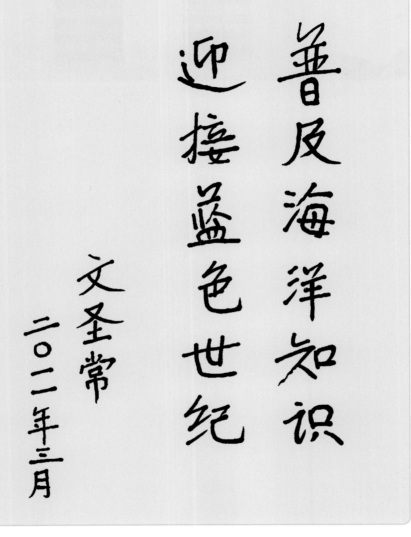

普及海洋知识
迎接蓝色世纪

文圣常
二〇二一年三月

中国科学院资深院士、著名物理海洋学家文圣常先生题词

畅游蔚蓝海洋　共创美好未来

——出版者的话

　　海洋，生命的摇篮，人类生存与发展的希望；她，孕育着经济的繁荣，见证着社会的发展，承载着人类的文明。步入21世纪，"开发海洋、利用海洋、保护海洋"成为响遍全球的号角和声势浩大的行动，中国———个有着悠久海洋开发和利用历史的濒海大国，正在致力于走进世界海洋强国之列。在"十二五"规划开局之年，在唱响蓝色经济的今天，为了引导读者，特别是广大青少年更好地认识和了解海洋、增强利用和保护海洋的意识，鼓励更多的海洋爱好者投身于海洋开发和科教事业，以海洋类图书为出版特色的中国海洋大学出版社，依托中国海洋大学的学科和人才优势，倾力打造并推出这套"畅游海洋科普丛书"。

　　中国海洋大学是我国"211工程"和"985工程"重点建设高校之一，不仅肩负着为祖国培养海洋科教人才的使命，也担负着海洋科学普及教育的重任。为了打造好"畅游海洋科普丛书"，知名海洋学家、中国海洋大学校长吴德星教授担任丛书总主编；著名海洋学家文圣常院士、管华诗院士、冯士筰院士和著名海洋管理专家王曙光教授欣然担任丛书顾问；丛书各册的主编均为相关学科的专家、学者。他们以强烈的社会责任感、严谨的科学精神、朴实又不失优美的文笔编撰了丛书。

　　作为海洋知识的科普读物，本套丛书具有如下两个极其鲜明的特点。

丰富宏阔的内容

丛书共10个分册，以海洋学科最新研究成果及翔实的资料为基础，从不同视角，多侧面、多层次、全方位介绍了海洋各领域的基础知识，向读者朋友们呈现了一幅宏阔的海洋画卷。《初识海洋》引你进入海洋，形成关于海洋的初步印象；《海洋生物》《探秘海底》让你尽情领略海洋资源的丰饶；《壮美极地》向你展示极地的雄姿；《海战风云》《航海探险》《船舶胜览》为你历数古今著名海上战事、航海探险人物、船舶与人类发展的关系；《奇异海岛》《魅力港城》向你尽显海岛的奇异与港城的魅力；《海洋科教》则向你呈现人类认识海洋、探索海洋历程中作出重大贡献的人物、机构及世界重大科考成果。

新颖独特的编创

本丛书以简约的文字配以大量精美的图片，图文相辅相成，使读者朋友在阅读文字的同时有一种视觉享受，如身临其境，在"畅游"的愉悦中了解海洋……

海之魅力，在于有容；蓝色经济、蓝色情怀、蓝色的梦！这套丛书承载了海洋学家和海洋工作者们对海洋的认知和诠释、对读者朋友的期望和祝愿。

我们深知，好书是用心做出来的。当我们把这套凝聚着策划者之心、组织者之心、编撰者之心、设计者之心、编辑者之心等多颗虔诚之心的"畅游海洋科普丛书"呈献给读者朋友们的时候，我们有些许忐忑，但更有几许期待。我们希望这套丛书能给那些向往大海、热爱大海的人们以惊喜和收获，希望能对我国的海洋科普事业作出一点贡献。

愿读者朋友们喜爱"畅游海洋科普丛书"，在海洋领域里大有作为！

　　这里是"流浪者的归宿，梦想者的起点"。当风帆扬起、船索轻摆时，蓝天白云下，粼粼波光中，满载憧憬的船只离开海港破浪远航。当夜幕降临、万籁俱寂时，柔静的海浪轻拍堤岸，万点灯火安然掩映，海港却仍张着臂弯，拥抱着故人新知，容纳着丰厚物资。

　　在这里，大片的水域可供停泊，码头上人、物交互流动，而那些长长的防波堤，则日夜阻挡着一波波海浪的冲击。各类海港吐纳着各种物资，接送着各类人群。一座海港，牵动着整座城市的发展，引领着整个地区的脉动。无数财富在此周转，海港的经济贡献令人肃然起敬。实际上，海港的价值远不止于经济，它时时刻刻创造着并记录着自己，乃至整座港城的历史。

前言 PREFACE

　　风格迥异的港城魅力各具——或活跃灵动，或内敛沉稳，或烂漫休闲，或专注高效。众多港城如同一朵朵奇葩，面向大海绽放着灿灿芳华，世界因之而四通八达、畅通无阻。

　　翻开《魅力港城》，领略世界著名港城的风采！

魅力港城

006

目录

CONTENTS

魅力港城

008

目录 CONTENTS

认识海港

Invitation to Ports

　　水陆在这里交汇，物资在这里流转：海港不仅是船舶停靠的港湾，还是港城兴起的基石，更是奔向世界的起点。

何为海港

　　港口是指具有船舶进出、停泊、靠泊，旅客上下，货物装卸、驳运、储存等功能，具有相应的码头设施，由一定范围的水域和陆域组成的区域。港口可以由一个或者多个港区组成。

　　港口按用途分，有商港、军港、渔港等；按所处位置分，有海港、河港、河口港等。

海港位于海岸、海湾或泻湖岸边，甚至离开海岸建在深水区域。位于开敞海岸或天然掩护不足的海湾内的港口，通常须修建防波堤，如中国的大连港、青岛港、连云港、基隆港等。供巨型油轮或矿石船靠泊的单点或多点系泊码头和岛式码头属于无掩护的海港，如利比亚的卜拉加港、黎巴嫩的西顿港等。泻湖被天然沙嘴完全或部分隔开，开挖运河或拓宽、浚深航道后，可在泻湖岸边建港，如广西的北海港。也有完全依靠天然掩护的良港，如东京港、香港港、悉尼港等。

码头由岸边伸向水域，供船舶停靠、装卸货物和上下旅客之用，多数为人工修造的水工建筑物。

涉及码头的重要标准有：

码头泊位　除装卸货物和上下旅客所需泊位外，还需辅助船舶和修船泊位。

码头岸线　码头建筑物靠船一侧的竖向平面与水平面的交线，即停靠船舶的人工沿岸。它是决定码头平面位置和高程的重要基线，其长度代表同时靠码头作业的船舶数量，是港口规模的重要标志。

港口水域

港口水域主要包括港池、航道与锚地。

港池——码头前沿的水域。

航道——船舶进出港的通道，需满足水深要求。

锚地——供船舶抛锚停泊的水域。锚地底质为沙土或亚泥土较佳，利于抓锚。

↑旧金山渔人码头鸟瞰

↑青岛港集装箱码头

海港的力量

海港就像一块强有力的磁石，吸引货物，促进贸易，为资源互通、经济增长源源不断地提供动力。资料显示，全球财富的50%集中在沿海港口城市，海港的力量无疑是巨大的。

从历史的演变看，港口最初只是单纯的交通中转，在水路与陆路的交汇处，货物大量聚集；之后，港口周边加工业开始蓬勃发展；当今，代理服务行业加入了港口辐射范围，国际贸易、物流为地区发展提供了新的动力；未来，全球资源配置势在必行，而海运的运量最大、效率最高、成本最低，海港日益成为全球资源配置的枢纽。

灯塔

灯塔是用于引导船舶航行或指示危险的标志。现代大型灯塔结构体内有良好的生活、通信设施，可供管理人员居住，但也有灯塔无人值守。根据不同需要，灯塔设置不同颜色的灯光及不同类型的定光或闪光。灯光射程一般为15～25海里。

世界海运航线

倘若将海港比做珍珠，航线便似丝线，将海港串成美丽的项链。其实，航线更是一条条动脉，为世界各地输送着养料。

世界主要海运航线

太平洋主要海运航线

远东——北美西海岸航线

远东——加勒比、北美东海岸航线

远东——南美西海岸航线

远东——东南亚航线

远东——澳大利亚、新西兰航线

大西洋主要海运航线

西北欧——北美东岸航线

西北欧——地中海、中东、远东、澳新航线

西北欧——加勒比海岸航线

欧洲——南美东海岸、非洲西海岸航线

北美东岸——地中海、中东、亚太地区航线

印度洋主要海运航线

波斯湾——好望角——西欧，北美航线

波斯湾——东南亚——日本航线

波斯湾——苏伊士运河——地中海——西欧，北美运输线

北冰洋主要海运航线

目前，北冰洋已开辟从摩尔曼斯克经巴伦支海、喀拉海、拉普捷夫海、东西伯利亚海、楚科奇海、白令海峡至俄罗斯远东港口的季节性航线；以及从摩尔曼斯克直达斯瓦尔巴群岛、雷克雅未克、伦敦等地的航线。随着航海技术的进一步发展和北冰洋地区经济的开发，北冰洋航线也将会有更大的发展。

→世界主要海港和航线示意图

北

圣彼得堡(列宁格勒)

伦敦

欧　洲

符拉迪沃斯托克
(海参崴)

直布罗陀海峡

大连
天津

亚　洲

卡萨布兰卡

上海

巴士拉

广州　香港

9

卡拉奇

马尼拉

加尔各答

达喀尔

非　洲

亚丁

孟买

西

赤道

科伦坡

新加坡

蒙巴萨

达累斯萨拉姆

雅加达

印　度　洋

大洋洲

珀斯

南回归线

洋

开普敦

好望角

南极洲

1斯德哥尔摩	4鹿特丹	7热那亚
2哥本哈根	5汉堡	8康斯坦察
3安特卫普	6马赛	9亚历山大

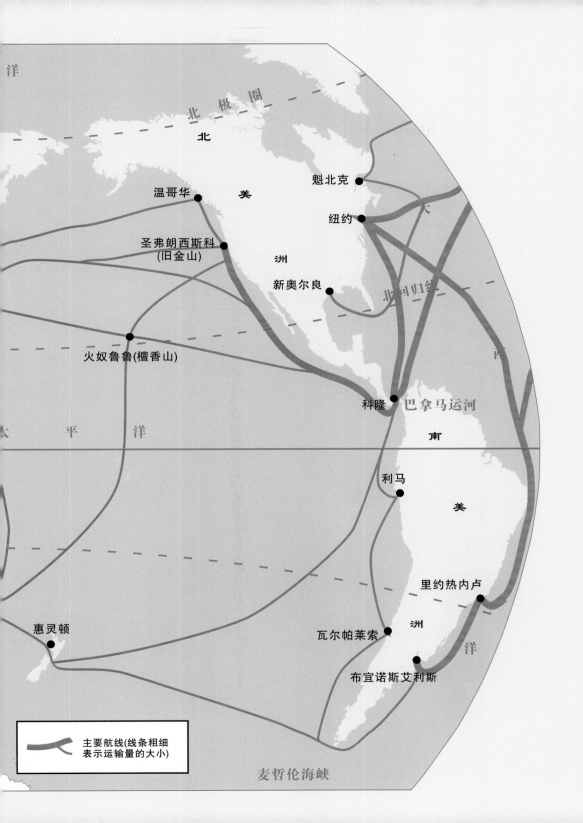

北极圈

北

美

洲

温哥华

魁北克

纽约

圣弗朗西斯科
(旧金山)

新奥尔良

北回归线

西

火奴鲁鲁(檀香山)

太　平　洋

科隆　巴拿马运河

南

利马

美

惠灵顿

里约热内卢

洲

瓦尔帕莱索

洋

布宜诺斯艾利斯

主要航线(线条粗细
表示运输量的大小)

麦哲伦海峡

中国主要海运航线

中国主要海运航线分为近洋和远洋航线两部分。近洋航线包括港澳线、新马线、日本线、韩国线等，远洋航线则主要有4条——地中海线、西北欧线、美国和加拿大线、南美洲西岸线。

在诸多航线中，与中国进出口贸易紧密相连的有3条水道——大隅海峡沟通着中国与日本、加拿大和美国；宫古水道沟通着中国与新西兰、澳大利亚、南美洲；马六甲海峡则连接着中国与南亚、西亚、非洲和欧洲。

其中，马六甲海峡重要性尤为显著，目前经过马六甲海峡运送的石油数量占中国石油进口总量的70％以上。中国大量战略物资多依赖海上运输，台湾海峡、中国南海、马六甲海峡、印度洋、阿拉伯海是中国的海上供给线。

马六甲海峡沿岸风光

亚洲港城

Ports in Asia

　　亚洲崛起，经济腾飞，航运功不可没！亚洲港城正以崭新的姿态，迸发着无限的潜能，展现着巨大的活力！

上海——海派洋溢

它繁华，高楼林立商机无限；

它典雅，中西合璧新旧交陈；

它浪漫，"东方巴黎"海派文化；

它迷人，"沪上八景"万国博览；

中国的经济中心

——上海！

↑上海港洋山深水港区

华夏第一港

　　上海港是中国最大的外贸港口，2010年货物吞吐量位居世界第一位，集装箱吞吐量居世界第二位。早在2005年底，上海港货物吞吐量就突破4亿吨大关，超过新加坡港，跃居世界第一。

　　上海港属亚热带海洋性季风气候，终日不散的大雾天极少出现，寒潮来袭，会有霜冻，但百年来航道没有发生冰冻现象，属全年不冻港；水流最大涨潮流速为3.5海里/小时，最大落潮流速为2.9海里/小时。

　　上海港主要港区沿黄浦江分布。目前，位于上海南汇的洋山深水港的建设，有助于促使上海成为真正意义上的国际航运中心。

上海港位于长江三角洲前缘，扼长江入海口，居中国18 000千米大陆海岸线中部，处在长江东西"黄金水道"与海上南北运输通道的交叉点上。以上海港为中心，北起连云港，南至温州港，西溯南京港，规模大、功能全、辐射广的长江三角洲港口群逐步成形，在我国经济发展中具有重要的战略意义。

上海港交通发达便捷，集疏运条件良好，与世界上200多个国家和地区的1 000多个港口有贸易往来，是中国直通欧洲、北美洲、非洲、大洋洲和东南亚的主要港口。

腾空而起

唐朝天宝年间（公元742–756年），设立青龙镇（今青浦县东北，苏州河南岸），发展港口，供往来船舶停靠。宋代后，此港得称"江南第一贸易港"。

公元1111年，北宋政府在青龙镇设市舶提举司，征收关税，管理航运，上海港正式形成。后因长江河道变迁，约于1265年港口易址上海镇。

1404年黄浦江开拓，上海港从此拥有稳固的航道条件，日益壮大。到1840年前夕，上海港从一个区域性口岸发展成为全国首位的内贸枢纽大港。

1840年第一次鸦片战争后，英国迫使清政府签订《南京条约》，上海港于1843年11月17日被迫对外开放。到20世纪30年代，上海已经成为远东航运中心、世界上重要的港口城市。

←上海外滩夜景

1949年5月上海解放以后，特别是1978年改革开放以来，上海港新建多个港区和专用码头，吞吐能力不断扩大，对上海市的建设和长江流域以及全国经济发展发挥了重要的促进作用。

如今，新兴的上海港已成为一个综合性、多功能、现代化的大型主枢纽港，上海亦成为中国最大的经济中心，科技、贸易、金融和信息中心，被形容为"世界经济发展最快的典范"。

海派文化

上海被誉为"东方巴黎"，是座中西合璧的国际化大都市。这里摩天楼宇鳞次栉比，古镇古迹韵味古典，外滩里弄欧式典雅。

提起上海，"海派文化"涌入脑海：它是在中国江南传统吴越文化的基础上，与开埠后传入的欧美文化等交融而逐步形成的，既古老又现代，既传统又时尚。

↑2010年上海世博会吉祥物——海宝

2010年上海世界博览会

2010年5月1日至10月31日，第41届世界博览会在上海市举行。作为中国首次承办的世博会，上海世博会以"城市，让生活更美好"（Better City, Better Life）为主题，总投资达450亿元人民币，创造了世界博览会史上最大规模纪录。

新 "沪上八景"

外滩晨钟（外滩区域）

豫园雅韵（豫园老城厢地区）

摩天览胜（陆家嘴区域）

旧里新辉（石库门）

十里霓虹（十里南京路）

佘山拾翠（佘山旅游度假区）

枫泾寻画（枫泾古镇）

淀湖环秀（环淀山湖旅游区）

枫泾古镇

香港——繁忙鲜活

曾经的它，被英国强占；1997年的它，回归祖国；

如今的它，是"购物天堂"，是多元文化交融的国际都市。

特别如它，繁忙鲜活

——香港！

世界大港

香港港是全球最繁忙、效率最高的国际集装箱港口之一，是全球供应链上的主要枢纽港，同时还是中国天然良港、远东航运中心。

香港港位于香港岛和九龙半岛之间，地处经济增长迅猛的亚太地区的中心，且是中国与东南亚邻国的要冲，可谓占尽地利。

香港港作业流程高效，港口设施优良。货柜船在港内的周转时间平均仅为10小时，货物装卸十分高效。香港港不仅拥有集装箱码头，而且还拥有石油等专用码头，港口设备可同时容纳上百艘船舶靠泊和进行装卸作业。

香港港有15个港区，以维多利亚港区最大。该港区水域面积约60平方千米，条件极好，港内航道水深平均超过10米，大型远洋货轮可随时进入码头和装卸区，是世界三个最优良天然港口之一。

香港港的货柜码头坐落于葵涌–青衣港池，它是世界最大的集装箱运输中心之一。港池共有9个码头，占地面积2.85平方千米，提供24个泊位，共8 530米深水岸线；港池水深达15.5米，货柜码头总处理能力每年逾1 800万标准箱。

香港全岛都是自由贸易区，船舶与货物通关只需1分钟，其港口费率为世界最低。目前，香港有海上航线20多条，通往世界近1 000个港口。每年进出港旅客达1 000万人次。无论是从港口设施的船舱吨位、货物处理量，还是从客运量来看，香港港都位列世界大港前茅。

港口历史

维多利亚港的变迁，一定程度上代表着香港一个时期的历史。这里自古就是一个主要航道，宋朝时已有军队留守，保护食盐的海上贩运。

清朝时期，英国人觊觎维多利亚港，深知该港具备发展为东亚地区大港的优良潜力，为发展自身的远东海上贸易事业，不惜发动鸦片战争，以夺取香港及其优良港口。

1840年第一次鸦片战争爆发，1841年，英国占领香港岛；1860年，第二次鸦片战争后，清政府与英国签署不平等的《北京条约》，1861年，英军占领九龙半岛。同年4月，香港岛与九龙半岛之间的海港，依当时的英国女王之名，改称维多利亚港。

今天的维多利亚港，早已不是昔日贩运鸦片的贸易港，也早已超越普通港口的角色：港口繁忙，见证着香港的经济变迁；这里每一步的建设与发展都影响着香港的历史和文化内涵，令这座国际大都市华彩倍增。

↑维多利亚女王在英国历史上在位时间最长，达64年（1837—1901）之久。她在位期间是英国强盛的"日不落帝国"时期，英国的经济、文化空前繁荣。

↑香港海洋公园

购物天堂

自由港，成为免税商品的通行证，各地物资的敲门砖。香港各区都有购物点，除了豪华商场，还有各种露天集市、夜市，商品应有尽有，价格公道，另有众多游乐设施，购物、休闲一举两得，名副其实的"购物天堂"！

这里有世界最大的海洋公园之一——香港海洋公园；这里有全球第五个迪士尼乐园——香港迪士尼乐园；另外，著名的新"香港八景"足够游人在购物的同时畅享激滟风光！

新"香港八景"

旗山星火（扯旗山顶）	赤柱晨曦（赤柱半岛）
浅水丹花（浅水湾）	虎塔朗晖（虎豹别墅白塔）
快活蹄声（快活谷赛马）	鲤门月夜（鲤鱼门）
残堞斜阳（九龙城寨残垣）	宋台怀古（宋王台公园）

赛马

香港的教育

教育是香港公共开支中最大的项目之一，香港实行12年免费教育。2007年9月开始，香港推行新的"三三四"学制，即初中三年，高中三年，大学四年。

香港有十所法定大学及学院——香港大学、香港中文大学、香港科技大学、岭南大学等。其中，香港大学学术排名最高，位列亚洲大学前三名。

高雄——水光潋滟

一朵木棉一份情，高雄处处见真心；
寿山秀，爱河清，平畴千里，繁花似锦；
工业城，文化地，人才济济，壮志凌云
——高雄！

台湾地区最大港口

高雄港是中国台湾省最大的水陆交通枢纽、太平洋西部重要的航运中心，是世界集装箱运输的大港之一。港口年吞吐量5 000万～6 000万吨，货运进出量约占全台的66%，为台湾地区最大港口。

高雄港位于台湾海峡南口的高雄湾内，毗邻高雄市区，是以工业港为主的综合性商港，内陆集疏运交通便利，有铁路、高速公路作为货物集运与疏运手段。

高雄港曾长期位居世界货柜吞吐量第三大港，仅次于香港港与新加坡港。近年来由于受到区域内其他港口，如香港、宁波、青岛以及釜山等港的竞争，吞吐量下滑，是全球前二十大港中，唯一的吞吐量衰退者。

高雄湾是一个狭长的海湾，长12千米，宽1～1.5千米，入口宽仅100米，形状酷似一只口袋，湾内港阔水深，风平浪静，实为一天然良港。该湾有两个入海口门，进出港航道长18千米，港区海域共设两套防波堤。

高雄港港区陆域面积达1 390万平方米，现有营运码头100多座，码头界线长达22千米，码头前沿水深10.5～16.0米，可供近百艘万吨级船舶同时靠泊作业。全港拥有货运仓库96座，容量达57.6万吨；货物堆场20多处，容量达57万多吨。港区码头拥有装卸搬运机械1 000多台辆，码头装卸作业已实现现代化。

高雄港与大连港于2009年4月14日缔结为姐妹港。双方加强合作开辟航线，扩大人才交流及物流。由于大连港是中国大陆东北部最重要的原料输出港，两港合作有助于台湾南部产业的发展。

起死回生

高雄港的前身为打狗港，其名源自高雄的古称——打狗，该地原住民马卡道族原称"竹林"为"takau"，汉族人依闽南语音书译为"打狗"。

明朝后期，高雄尚为小渔村，在荷兰入侵与郑成功收复台湾时期均得到开拓。清朝初期，高雄港已成为高屏地区商品集散中枢，但仍多被用做渔港。

高雄渔港至今是台湾岛最大的渔业区，水产养殖业十分发达，是台湾岛远洋渔业基地。高雄的珊瑚渔场年产大量珊瑚、玳瑁、珍珠，都是珍贵的饰品。

1858年中英《天津条约》签订，增加高雄港开口通商，高雄的商港功用愈增。1863年高雄海关成立。

1895年，根据《马关条约》台湾被割让给日本。日本人发现高雄港港湾水浅，港口有礁岩，港外有浅滩，便有筑港之意，并于1900年后多次拓建。

↑《马关条约》签订现场

↓高雄"爱河"

第二次世界大战期间，高雄港遭到盟军猛烈轰炸，所有码头仓库几乎摧毁殆尽。日军为避免美军占领后利用此港补给海军，自沉五艘大船封锁航道，高雄港几乎成为死港。1945年10月"高雄港务局"成立，打捞战时沉船并清理航道，1955年高雄港恢复正常营运。

之后，高雄港不断扩建，新建5个货柜中心、8个深水码头，生气蓬勃。高雄市建立于20世纪初，发展迅速，现已成为台湾地区人口密度最高、重工业最发达的都市。

旖旎水都

与其他港口不同，高雄港不仅可做港口之用，它还是高雄旅游产业的主角。乘着观光船，游客们可尽情体验高雄港的水都风情——看岸上，建筑林立雄伟，寿山巍峨蔚然；望海上，港湾之美，令人心旷神怡。

西子湾风景区为台湾南部最负盛名的观光地区。它享有"台湾西湖"的美誉，全区风光旖旎，泛舟垂钓，置身于湖光水色中，不亦乐哉！

高雄西子湾

↑ 莲池潭

高雄八景

旗山夕照（旗后山）	埕埔晓鹭（盐埕埔）
猿峰夜雨（寿山）	戍楼秋月（鼓山戍楼）
江港归帆（高雄港）	鼓湾涛声（西子湾）
苓湖晴景（苓仔寮）	江村渔歌（爱河）

青岛——温润宜人

一座魅力之城，坐拥仙山阔海；

一座奇迹之城，胸怀多样风格；

"品牌之都"，扬帆起航之处；

红瓦绿树，碧海蓝天

——青岛！

高效的特大型港

青岛港是中国特大型港口，由青岛老港区、黄岛油港区、前湾新港区三大港区组成。港阔水深，不淤不冻，自然条件十分优越，是著名的天然良港，是太平洋西海岸重要的国际贸易口岸和海上运输枢纽。

青岛港属温带季风气候，气候状况比较稳定，不论是风况还是雾况对港口的影响都较小。降水多分布在6~7月，全年平均降水量755毫米。全年平均气温12.1℃。属半日潮港，最小潮差0.25米。

青岛港地处中国长江三角洲和环渤海经济圈的接合部，紧邻朝鲜、韩国、日本、俄罗斯等国家，区位条件优越。港口兼具铁路、公路、水路、管道多种运输功能，海上与450多个港口开通了航线，陆上在50多个城市和地区设立了物流终端，还开通了十几条集装箱专用的港口铁路站，疏运通道十分快捷。

↓青岛港集装箱巨轮

青岛港拥有世界最大的矿石码头、世界级集装箱码头、世界级原油码头、世界级煤炭码头、沿黄流域最大的粮食接卸基地，有国内最大的原油储罐群、国内一流的纯碱罐和硫酸罐。港口设施一流，青岛港的信息技术也首屈一指：拥有中国内地港口规模最大的EDI（电子数据交换）信息中心，还拥有中国港口中唯一的国家技术中心和博士后工作站。港口煤炭、原油、矿石、集装箱、粮食等货种的技术装备水平和自动化程度均达到国际先进水平。

↑青岛港世界最大的矿石码头

青岛港作业效率极高：集装箱装卸的"振超效率"、铁矿石装卸的"孙波效率"和纸浆作业效率多次打破世界纪录，开启了生产效率的"秒时代"。据世界最大航运公司马士基集团公司统计，青岛港口岸效率世界第一。

大鳄崛起

青岛地区港口历史悠久，海港和航海活动的记载可追溯至春秋战国时期。鸦片战争后，清政府在胶州建制设防，于1892年兴建青岛近代第一座人工码头——前海栈桥，并修建"衙门桥"，两座码头的兴建，成为青岛建港的开端。

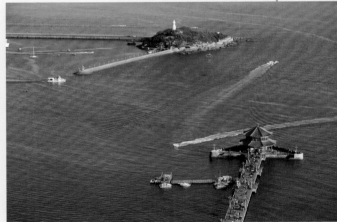

↑前海栈桥和"小青岛"

←2010年10月30日，世界最大的集装箱船之一——地中海的欧洲线"地中海拉斯佩齐亚"轮抵达青岛港集装箱三期码头。"地中海热那亚"轮船长365.5米，宽51.2米，箱位14 036标准箱。青岛港成为该船处女航的中国首选港口。

"青岛"之名，文献最早记载于明代中期，距今已有400多年历史，原指小青岛（亦称"琴岛"），以岛上"山岩耸秀，林木蓊郁"而得名。后成为青岛地区的总称。

19世纪末20世纪初青岛曾先后被德国、日本占领。1949年6月2日，青岛解放。

1973年，为适应国家建设及外贸需要，周恩来总理发出了"三年改变港口面貌"的号召，青岛港建设从此进入新时代。

通过不断完善基础设施、引进信息技术、创新管理措施，青岛港呈现今日之蓬勃面貌。目前，青岛胶南董家口港区已正式启动，青岛港还将启动一座30万吨油码头的建设，力争将青岛港打造为中国沿海地区的"港口大鳄"。

青岛作为山东省最大的工业城市、中国拥有名牌和驰名商标最多的城市，被誉为中国的"品牌之都"，拥有驰名中外的海尔、海信、青岛啤酒等大型企业集团。

今日之青岛，借助建设山东半岛蓝色经济区这一国家战略的东风，正加快产业结构调整，在新一轮机遇中重新出发。

青青之城

青岛，青翠之城，被誉为"小上海"。漫步于海边、穿梭在街巷，绿意浸满整座城市。

这里宁谧，法国梧桐掩映着德式建筑，欧陆情调油然而生；这里喧闹，一年一度的啤酒节8月准时上演，热情奔放，狂欢气氛浓厚；这里悠然，踏上滨海步行道，海岸风光

尽收眼底，蓝天碧海，气象舒展；这里馥郁，登上崂山之巅，观群山簇拥，顿生缥缈之意。风帆起航时，碧波千里，破浪前行。

青岛于2008年成功举办了第29届奥林匹克运动会和第13届残疾人奥林匹克运动会的帆船比赛，赛事水准得到了国内外的一致好评。青岛奥林匹克帆船中心被誉为"亚洲最好的奥运场馆"。青岛正在乘势而上打造中国的"帆船之都"。

青岛之最

中国最早的现代天文台——青岛观象台（1898年）

亚洲最早的水族馆——青岛水族馆（1932年）

亚洲第一滩——金沙滩

中国海岸线的最高点——崂山（1 133米）

中国北方海拔最高的海岛——灵山岛（513米）

↓江苏路基督教堂是青岛最具代表性的德式建筑之一。

釜山——清丽秀美

与日本隔海相望，
山川秀丽，海滨宁谧，
如海鸥般坚忍不拔
——釜山！

东北亚最大中转港

  釜山港是韩国的第一大港、韩国泛太平洋物流中心，世界第五大集装箱港口，也是东北亚最大的中转港口。

  港区分布在釜山湾西北岸，因被山和岛屿环绕，港内水面平静，潮水的涨落差较小。釜山港还有一得天独厚的条件——位于世界第三大干线航线上。

  釜山港属温带季风气候，夏季平均气温为29℃～31℃。全年平均降雨量约1 500毫米。属正规半日潮港，潮差不大，大潮时不超过1.2米，小潮时仅0.3米。

  釜山港由北港、南港、甘川1港、多大浦港等港区构成。港口主要出口货物为工业机械、水产品、电子产品、石化产品、纺织品等，进口货物主要有原油、粮食、煤、焦炭、原棉、原糖、铝及原木等。

  五六岛位于釜山南区的一端，每天随潮水涨退会露出五个或六个小岛，由此得名。它是进出釜山港船只的必经之地，因此也是釜山港的象征。

↑五六岛

↑ 广安大桥夜景

↑ 釜山观光游艇港口

历史沿革

在高丽王朝时期（10世纪～14世纪末）釜山被称为Busanpo，Busan意即"釜状的山"，因城市背靠之山形状似釜；po是"海湾"或"海港"的意思。

15世纪早期开始，因与日本对马岛隔海相峙，釜山被朝鲜王朝指定为商贸港口，在此与日本开展贸易往来。

1876年，釜山成为朝鲜半岛第一个国际性港口。20世纪初，京釜铁路通车，釜山迅速发展起来。日本统治期间（1910～1945），釜山发展成为现代化的港口城市，轮船可从釜山码头径直开往日本下关。

目前，釜山是韩国海陆空交通的枢纽、金融和商业中心，在韩国对外贸易中发挥重要作用。工业仅次于首尔，机械工业尤为发达，造船、轮胎生产居韩国首位。水产品在出口贸易中占有重要位置。

↑海藻拌饭 ↑牛里脊烧烤

釜山料理

釜山以海鲜著名，吃生鱼片要到釜山鱼贝市场（札嘎其市场）。

烤牛排家喻户晓，起源地在海云台，以盐、麻油将牛排腌后放在铁板上烤熟，著名的餐厅有望月之家与富光花园。

海鸥之城

釜山山川蓊郁，海滨绵延。单是自然美景就足以使釜山成为旅游胜地，各种釜山美食更是让人流连忘返。

釜山拥有亚洲最大的候鸟栖息地，无论在哪个季节，摄影爱好者和动物保护主义者总是云集洛东江畔。

釜山的市鸟是海鸥。海鸥雪白的翅膀和身体象征白衣民族，海鸥沿无际海面冲向蓝天，象征釜山人坚忍不拔的精神。

釜山市容整洁清新，这里的整容医院闻名全球，更有众多大型免税商店。在这里，观景、购物两全其美。

神户——人工奇迹

这里是日本的海上门户，建有第一个人工岛；

这里是阪神工业区核心，名企云集

——神户！

↑ 神户大桥

↑ 神户港夜景

人工建岛

神户港位于日本本州西南沿海的中岛川与大和川河口之间，濒临大阪湾西北侧；是日本最大的集装箱港口，也是世界十大集装箱港口之一，年吞吐货物量超过1.4亿吨。

神户港属亚热带季风气候，夏季盛行东南风，冬季多西北风。年平均气温10℃～27℃，全年平均降雨量1 300毫米。属半日潮港，大潮升1.4米，小潮升1.1米。

神户港水域面积73.4平方千米，码头岸线长33千米，呈扇形海面。港口西面、北面有山脉围绕，阻挡了春秋盛行的西北强风，西南和东南面筑有防波堤，以防风浪袭击。航道水深9～12米。有码头泊位227个，可同时停泊巨轮200多艘。

人工岛是神户港的一大特色，港岛是世界上第一座人工岛。

神户港由中心区及其东、西沿海两侧工业专用码头组成。港岛、六甲岛两座人工岛均位于中心区。由于船舶逐渐大型化等原因，神户港物流中心基地已从市中心附近搬到港岛及六甲岛上。

阪神核心

神户原为一个渔村，因港湾条件优良并靠近经济中心大阪而发展为以海运为主的港口城市；公元8世纪即同中国、朝鲜进行贸易与文化交流，成为日本西部的海上交通门户。

20世纪30年代，经过扩建，神户成为日本当时最大的贸易港。第二次世界大战中，神户港遭到巨大破坏。

1966年起，神户港首度尝试填海建造"人工岛"。目前的港岛、六甲岛不仅成了新的物流中心基地，还成了世界著名的海上"人工城市"。

↑樱花

神户

1967年摩耶码头建成，是日本最早的集装箱码头。神户港的发展带动了神户经济的繁荣和增长。

作为旧时京都的海上门户，神户现在已然演化为日本主要的国际贸易中心、阪神工业区之核心。日本有名的川崎重工、三菱重工、神户制钢、三菱电子等大企业均分布在距码头几千米的地带。这些大企业依托港口发展起来，又以大量的产品为神户港提供了充足的运输货源。

神户牛肉

神户牛肉是全世界最昂贵、最有名气的牛肉，号称香而不腻、入口即化，令人不忍停箸。

有趣的是，如此美味竟非日本人自己发现的。为什么呢？原来因受佛教影响，1687年，日本天皇颁发了《生物怜惜之令》，禁止人们食用肉食！牛通常只作耕耘、交通之用。

直到庆应元年（公元1865年），来到神户的西方商人嘴馋不过，四处搜罗，发现神户牛肉十分鲜美，神户牛肉由此名扬天下。明治维新期间，日本西化，人们以模仿西方生活方式为荣，禁令被解除，日本人民终能享此美食。

神户牛肉秘方

神户牛肉何以如此鲜美？喝"矿泉水"、吃"药膳"也。神户牛肉产于但马地区，该处有山有溪，溪水中富含矿物质；山上的牧草中夹杂药草。

远不止这些呢，神户牛还能喝啤酒，享受按摩，牛肉怎能不鲜美！

↑ 神户牛肉

横滨——融洽多元

船坚炮利之下，它被迫对外开放；
各国交流之中，它独具国际风范；
它是横滨工业区的核心之一，是日本第二大城市
——横滨！

日本第二大港

横滨港是日本第二大港，是世界亿吨大港之一，也是世界十大集装箱港之一。

横滨港位于日本本州东南部神奈川县东部沿海，北起京滨运河，南至金泽，长约40千米，港内水域面积7 500多万平方米，水深8～20米，水深港阔，加上内、外港均筑有现代化防波堤，港口码头很少受太平洋风浪和海潮侵蚀，是日本天然条件良好、建港水平高超的优秀港口之一。

横滨港属亚热带季风气候，夏季盛行东南风，冬季多西北风。年平均气温10℃～27℃，全年平均降雨量约1 000毫米。属半日潮港，大潮升1.9米，小潮升1.4米。

↑ 横滨大桥

横滨港中部为商港区，与闹市相连，两翼为工业港区，背后为两个工业地带。商港区共计91个泊位，水深多在12米以内。横滨港以输出业务为主，出口额占贸易额的2/3以上，主要出口工业制成品，如机械、汽车、钢铁、化工品、日用品等。横滨港靠近东京地区，地理位置得天独厚，交通运输网络高度发达，以横滨港作为中心，南、西、北方向均有快速交通运输要道辐射出去。

跌宕起伏

横滨港最初为小渔村，在西方列强的坚船利炮下被辟为自由贸易港。

1859年，横滨被迫成为日本对外贸易门户，是日本最早的对外开放港口之一；1889年正式设市；进入20世纪后，又多次进行筑港和填海造陆工程。

↓横滨港夜景

↑横滨红砖仓库

　　1923年9月1日，日本的横滨和东京一带发生大地震。这一带在日本称为关东地区，故此次地震被称为关东大地震。震级7.9级，伤亡约25万人，经济损失达300亿美元。

　　1923年关东大地震中横滨包括港口在内均遭破坏，震后重建。第二次世界大战中，横滨再遭破坏。战后美军接手了港湾及其周围地区，港区变成美国军事基地。1952年归还日本。

　　由于战后恢复发展及贸易上的需要，横滨先后多次制订港湾整治规划，对港口进行了改造和扩建，使之成为今天之大港，并成为发展京滨工业区的有力支柱。

　　如今的横滨是日本第二大规模城市，其工业产值仅次于东京和大阪，居日本第三位。横滨的工业主要有钢铁、造船、炼油、汽车、化工、电子、机械等，并以尖端技术产业闻名于世。

↑横滨开港纪念馆

国际风范

　　由于对外开放较早，交流频繁，横滨融合了多元文化，多种元素和睦融洽。这里西式建筑众多，颇具异国情调；有极具中国历史文化特色的"唐人街"——横滨中华街，还有"空中走廊"——横滨港湾大桥，以及风景迷人的山下公园等。

↓山下公园最具代表性的石雕像——"水的守护神"，位于公园中大喷水池中央，美丽端庄的西方女性肩扛水瓶，1960年由横滨姐妹城市——美国圣地亚哥市所赠。

↑横滨中华街是全日本最大的唐人街，位于横滨市中区山下町，旧称"南京街"。

新加坡——清丽曼妙

整洁美好，代表了这座城市的色彩；

"花园城市"勾勒出这座城市的形象；

吐纳间，气韵清新婉转

——新加坡！

盛誉满怀

新加坡港位于新加坡岛南部沿海，西临马六甲海峡的东南侧，南临新加坡海峡的北侧，扼太平洋及印度洋之间的航运要道；是世界最繁忙的集装箱港口之一，其中大部分的集装箱转运到各国港口，使新加坡成为世界最繁忙的中转港口。

新加坡港属热带雨林气候。年平均气温24℃～27℃，每年10月至次年3月为多雨期，全年平均降雨量2 400毫米。属全日潮港，平均潮差为2.2米。

新加坡港共有250多条航线来往世界各地，连接着至少120个国家的600多港口，平均每2～3分钟就有一艘船舶进出，所以新加坡港有"世界利用率最高的港口"之称。

新加坡拥有完整的港口及海事服务、全球范围的海港网络，可提供全面的物流服务，也是亚太地区的邮轮中心，年均接待约700万来自世界各地的游客，多次被英国《梦幻世界邮轮观光地》杂志评为"最佳国际客运周转港口"。

转口崛起

新加坡，梵语"狮城"之谐音。据马来史籍记载，公元1150年前后，苏门答腊的室利佛逝王国王子乘船到达此岛，看见一头猛兽，当地人告知为狮子，遂命名"狮城"。

13世纪，新加坡港便是国际贸易港口。

1819年，任职于英国东印度公司的斯坦福·莱佛士与柔佛苏丹签订条约，获准在新加坡建立交易站和殖民地。1867年新加坡成为海峡殖民地，直接受英国统治。第二次世界大战以前，新加坡一直是大英帝国在东南亚最重要的据点，建有海军基地和空军基地。英国前首相丘吉尔称其为"东方的直布罗陀"。

新加坡港五大秘诀

发展集装箱中转业务

实行自由港政策

科技应用水平高

发展临港工业

提供各项收费优惠

  随着1869年苏伊士运河的开通，新加坡港成为航行于东亚和欧洲之间船只的重要停泊港口。19世纪70年代随着当地橡胶种植业的发展，新加坡成为全球主要的橡胶出口及加工基地。19世纪末20世纪初，新加坡获得了前所未有的繁荣，1873～1913年，当地的贸易增长了8倍。经济的发展也吸引了大批移民。

  今日的新加坡是亚洲最重要的金融、服务和航运中心之一，以电子电器、炼油及船舶修造为三大支柱部门，是世界三大炼油中心之一。但新加坡境内自然资源缺乏，全部粮食、半数蔬菜依靠进口。

花园城市

新加坡，风光绮丽，空气清新，绿荫绵延，花团锦簇。整洁、美丽，是这座城市的代名词。

这里绿意盎然、环境优美，又被誉为"花园城市"。

整洁，不代表单一。实际上，新加坡的文化十分多元：汇聚现代与传统的风格特色，融合东西文化之精粹。在这里，华人文化、马来文化及印度文化交融……

↑新加坡圣淘沙岛，有著名的集酒店、娱乐、环球影城、购物、美食于一体的圣淘沙名胜世界。

截至2009年，新加坡已连续10年被评为"最适合亚洲人居住城市"，获奖原因——环境优美，空气污染小，犯罪率低，基础设施、医疗设施俱佳。

↑新加坡国花——卓锦·万代兰。由卓锦女士培植而成，花朵清丽端庄、生命力特强，象征新加坡人刻苦耐劳、果敢奋斗的精神。

↑新加坡摩天观景轮——世界最大的摩天观景轮，轮高165米。

迪拜——奢华气魄

这里富有，石油储量丰富，港口货运蓬勃发展；

这里奢侈，凡事追求极致，极致奢华、极致享受。

"世界之最"情节，令它名扬全球

——迪拜！

中东第一大港

连续3年被《亚洲货运新闻》杂志评为"中东地区最佳港口"，2001年被亚洲货运业（AFIA）评为"最佳集装箱码头经营者"，阿联酋最大的港口，世界集装箱大港之一——迪拜港！

迪拜港位于阿联酋东北沿海，濒临波斯湾南侧，地处亚、欧、非三大洲的交汇点，是中东地区最大的自由贸易港，尤以转口贸易发达而著称。它还是海湾地区的修船中心，拥有百万吨级干船坞。

迪拜港属热带沙漠气候，盛行西北风。年平均气温20℃～30℃，最高曾达46℃。全年平均降雨量约100毫米，12月至次年2月雨量最多，约占全年的2/3。平均潮高：高潮为2米，低潮为0.8米。

迪拜港由拉什德港区和杰贝拉里港区两部分构成。杰贝拉里港是世界上最大的人工

↓迪拜游艇码头

港，同时也是中东第一大港。迪拜港计划出台一系列计划，使其年吞吐量增加到3 000万标准箱。

为建成全球性航运枢纽，迪拜港还将继续进行港口建设，开辟第三座人工港口，加大港口运营的技术含量，力争集货物吞吐港与物流信息港于一体。

迪拜港的集装箱年吞吐量雄踞中东地区首位，原因有三：得天独厚的地理位置——背靠阿拉伯广阔市场；港口使用费和码头费率是全世界最低港口之一；迪拜港不断增加投资改善码头设施，集装箱吞吐能力不断扩大，2004年便跻身于全球十大集装箱港口之列。

城以港兴，港为城用

迪拜不仅是通往波斯湾沿岸地区，也是通往南非、印度、中亚以及东欧的重要门户。为了更好地利用这种优势，迪拜市政府从20世纪70年代开始，大力推进港口开发和机场建设。

1970年，迪拜港拉什德港区正式运营。1979年，迪拜港杰贝拉里港区开始投入使用。迪拜市场需求大，除了石油不进口，其他货物都需进口，且每年进口货物的一半，直接留在拥有1 400万人口的迪拜市及其周边地区，促使迪拜港成为波斯湾地区第一大港。城市经济的繁荣直接带动了港口吞吐量的增加。

相应地，迪拜港建立的自由贸易区（拥

有25万平方米仓储设备、2.1万平方米冷库），吸引了来自世界各地的贸易商、发展商和投资商，也直接刺激了迪拜贸易和制造业的发展。

迪拜港不负众望，不仅集装箱吞吐量超群，更为中东地区经济发展带来了前所未有的国际贸易发展良机。伊朗的石油资源开采和出口、沙特阿拉伯的石油化工和农产品出口等，都与迪拜港互补互利。

↑迪拜特有独峰骆驼

↓迪拜黄金市场

↑迪拜棕榈岛

迪拜人工岛由朱美拉棕榈岛、阿里山棕榈岛、世界岛3个岛屿群组成，吸引不少世界富豪来此居住。

↓金帆船酒店

金帆船酒店是世界第一家七星级酒店，是迪拜的骄傲。它宛如一艘巨大而精美绝伦的帆船停在蔚蓝海水中，随时准备乘风破浪。酒店金碧辉煌、极尽奢华。

但求巅峰

迪拜人，万事直追世界之最：世界上第一家七星级酒店、全球最大的购物中心、世界最大的室内滑雪场、世界最高的塔、世界最大的游乐园、世界最大的办公大楼……

源源不断的石油和重要的贸易港口地位，为迪拜带来了巨大的财富，如今的迪拜俨然成为奢华的代名词。

↓金帆船酒店的大堂

孟买——快捷质朴

这里是神秘印度的西部门户，这里纺织工业十分发达，港口被称为"棉花港"；它曾被当做嫁妆转手他国，它的"宝莱坞"更是一度风靡全球
——孟买！

"棉花港"

孟买港是世界上最大的纺织品出口港，素有"棉花港"之称，亦为印度最大海港。

孟买港位于印度半岛西岸中部，临阿拉伯海，原为离岸小岛，今海岛北端已与陆地连接成为半岛，形成港湾。它是南亚大陆桥（东起加尔各答，西至孟买，全长2 000千米）的桥头堡，是印度海陆空的交通枢纽。

孟买港距周边其他港口近，沟通便利。西北距卡拉奇港507海里，距卡布斯港855海里，距亚丁港1 660海里，东南距柯坎港584海里，距科伦坡港889海里。

孟买港属热带季风气候，盛行西南风。全年平均气温20℃～31℃，全年平均降雨量约2 000毫米，6～9月是雨季，降雨量约占全年的83%。属半日潮港，平均潮高：高潮为4.4米，低潮为0.8米。孟买港有6 000米宽的港内水域可供锚泊或过驳装卸。

↓泰姬陵酒店：73米高的红色穹顶以及围绕的四个尖塔是孟买港的标志之一。

> ### "孟买港大爆炸"之谜
>
> 1944年4月14日，停泊在孟买港卸货的一艘英国船"斯基金堡垒"号失火爆炸，有13艘船只被毁，总吨位达5万余吨，人员伤亡也极大，1 500人丧生，烧伤和受伤的多达3 000人。失火爆炸原因至今不明。

孟买港现有50多个大、中泊位，年吞吐量约3 000万吨，集装箱吞吐量30多万标准箱。其港区货运码头巴拉德突堤，供远洋客货轮停靠，目前也是集装箱装卸的主要码头；国际远洋商船则主要停靠于英迪拉坞式港池。

"印度门户"

　　孟买港历史久远，14世纪以前，这里是土著科利人居住的小渔村，1534年被葡萄牙人侵占，因这里景色优美，葡萄牙人称之为"美丽的海湾"。

↓印度门——孟买甚至整个印度的象征。1911年为纪念来访的英王乔治五世和玛丽皇后而兴建。迈入印度门就标志着踏上了印度的国土。

↑神象岛距孟买港口9千米，内有著名的象岛石窟

1664年，孟买港转属英国。值得一提的是，这可不是普通的殖民占领，而是作为葡萄牙公主卡瑟琳嫁给英国国王查理二世的嫁妆！孟买从此成为英国殖民者统治印度的重要据点。

1838年，孟买港开辟了与多地来往的航线，加上沟通印度内陆与沿海各城市的铁路干线的修筑，孟买港得到进一步发展与建设。

1849年英国占领印度全境，将孟买港作为马哈拉施特邦的首府。随着罂粟和棉花的种植及1869年苏伊士运河的通航，孟买港的地位日益重要，成为向中国倾销鸦片的装运港。

如今，孟买港已成为南亚最大的港口。孟买是印度最大的商业中心和金融中心，也是重要的文化中心之一，在世界上享有盛名。

"宝莱坞之家"

孟买是印度电影的诞生地，曾获第81届奥斯卡最佳影片奖的电影《贫民窟的百万富翁》就是宝莱坞出品的。宝莱坞是世界上最大的电影生产基地之一，拥有数十亿观众，被称作"印地语（Hindi）的影院"。宝莱坞出产的电影通常伴有歌舞，诙谐，浪漫，独具风格。

宝莱坞是位于印度孟买的广受欢迎的电影工业基地的别名。印度人将"好莱坞"（Hollywood）打头的字母"H"换成了本国电影之都孟买（Bombay）的首字母"B"，把"好莱坞"变成了"宝莱坞"（Bollywood）。

↑电影《三个"白痴"大闹宝莱坞》海报

↑电影《贫民窟的百万富翁》海报

欧洲港城

Ports in Europe

　　古典欧洲，曾涌现多个海上强国；历经沧桑，欧洲港城仍保持着浓郁而独特的欧陆风情。

鹿特丹——驶入古典欧洲

它是曾经的世界第一大港，
像郁金香一样热烈绽放，
像风车一样永不停息
——鹿特丹！

鹿特丹天鹅桥

伊拉斯谟斯大桥（the Erasmus Bridge）以"天鹅桥"的美称闻名于世，简洁利落，修长挺拔，像一只高贵优雅的白天鹅。

昔日世界第一大港

"欧洲门户"鹿特丹港是荷兰和欧盟的货物集散中心和粮食贸易中心，是世界上货物吞吐量最大的海港之一，曾多年（1961～2003）蝉联"世界第一大港"头衔，是重要的国际航运枢纽和国际贸易中心。

鹿特丹港位于莱茵河与马斯河河口，西依北海，可通至里海，濒临世界海运最繁忙的多佛尔海峡，地理位置优越；鹿特丹港还拥有先进的基础设施：有欧洲最大的集装箱码头，装卸过程全部由计算机控制。

鹿特丹港自东向西有7个主要港区，其中博特莱克港区、欧罗波特港区和马斯莱可迪港区构成了鹿特丹港的主体。马斯莱可迪港区2期位于马斯河出海口，港区水深大于19米，可满足12 000标箱的10万～15万吨级集装箱货船停靠。

港区面积约100平方千米，码头总长42千米，可停泊54.5万吨的特大油轮，同时可供600多艘轮船停泊作业，年容纳进港轮船3万多艘。

鹿特丹港物流服务首屈一指，集有形商品、技术、资本、信息的集散于一体。其最大的特点是储、运、销一条龙。通过一些保税仓库和货物配给中心（物流中心）进行储运和再加工，提高货物的附加值，然后通过公路、铁路、河道、空运、海运等多种运输路线将货物送到荷兰国内和其他目的地。

无可比拟的优越地理位置，先进的基础设施，浓厚的商业气氛，高度发达的物流服务，政府的有力支持，完善的海关设施，优惠的税收政策，一支技术先进、生产效率高并掌握多种语言的员工队伍——这一切使鹿特丹港前景无限。

郁金香般盛开

鹿特丹得名自鹿特河，过去只是一个小渔村。

16～17世纪，随着西欧海上运输和对外贸易的开辟，鹿特丹成为英、法、德之间的过境运输港，鹿特丹的"门户"传奇开始。

那时的鹿特丹是赫赫有名的荷兰东印度公司的商港之一。

　　随着1877年市区与南荷兰间的铁路接通、1895年通航北海的运河新水道建成、德国的鲁尔区成为欧洲最大工业区，鹿特丹港区腹地范围不断扩大，包括荷兰、法国、德国、比利时等工业发达的国家。

↑郁金香是荷兰的国花，每年最接近5月15日的星期三是荷兰的"郁金香节"。目前荷兰每年培育大约30亿株郁金香。据推算，如果把这些郁金香全部排列起来，能够绕赤道7圈！

　　风车是荷兰的象征之一，它们可利用风能将海平面以下低洼地中的积水排出。目前全荷兰有逾1 000座风车，其中以鹿特丹以东15千米的小孩堤防最为著名。

第二次世界大战期间，整个城市的中心和海港几乎全被摧毁。鹿特丹人竭尽全力重建——实则超越——自己昔日的家园：至1962年，重建后的鹿特丹被誉为世界上最大的海港，一个世界级的新都市立足于这个美丽的海港。

这种精神，像极了红色郁金香——聪颖，努力，绚烂而又热烈！

花园式港城

第二次世界大战的破坏也因此让鹿特丹成为现代建筑的试验场。现如今，这座城市宛如一座开放式的摩登艺术博物馆，多彩多姿令人赞叹。此处街道整齐清洁，河道水波旖旎，鲜花绽放在各家窗台上，恬淡宁静，称得上"欧洲港口花园城市"。

↑鹿特丹独特的方块屋

↑花窗

↑博曼斯美术馆

安特卫普——璀璨恒久远

世界七成的钻石在此琢磨集散，光芒熠熠；

海运水网在此交错，河海兼备，成就"360度"港口；

钻石般至坚至纯

——安特卫普！

"360度港口"

　　安特卫普港货物吞吐量近亿吨，是比利时最大的海港、欧洲第三大港，是欧洲的主要海运货物集散地和中转中心，也是欧洲最大的钢材、林产品和水果港（防腐冷冻区极佳）。

　　安特卫普港地处地形平坦、河道纵横的斯海尔德河—摩泽尔河—莱茵河三角洲平原，通过天然河道和阿尔伯特运河等与全国内河水网和西欧部分水网相接，兼具海港和河港之利，不仅是优良的内陆运输港，还是重要的海上转运站，其影响呈辐射状，号称"360度港口"。

安特卫普港邻近欧洲主要生产和消费中心，现已成为比利时、荷兰、卢森堡、德国和法国的主要进出口门户。现有港区主要分布在斯海尔德河右岸，为免受北海潮汐影响，设船闸与斯海尔德河隔开。港区有6座海船闸，实为罕见，其中北港的参德夫利特船闸长500米，通航净宽57米，高潮时门槛水深可达17.5米，能通过15万吨级海船，是世界最大的海船闸。

　　安特卫普港核心部分当属德尔维德港池，该港池水深16.75米，有4个杂货码头、1个散货码头和14个集装箱泊位。

港区交通发达：铁路总长839千米，是世界上拥有铁路最长的港口；公路总长295千米，二者分别连接欧洲的铁路网和高速公路网。港区内河航道18.8千米，同比利时以及欧洲的统一航道网相通。

2008年6月，安特卫普港中国办事处正式成立，为中欧贸易架起一座桥梁，更多的中国企业和商业项目与比利时商务组织成功对接。

钻石起家

16世纪堪称安特卫普的黄金时期。中世纪时，钻石琢磨技术率先在比利时商业中心布鲁塞尔出现，随后，商业中心迁往安特卫普，安特卫普成为世界的钻石中心、金融中心，随之亦成为欧洲最繁荣的商业港口城市之一。

↑关于"手"的美丽传说

相传，古时有个巨人强行向经过斯凯尔特河的船长们收取通行费，后来，罗马勇士布拉博斩下巨人手掌扔到河中，斯凯尔特河恢复自由通航。安特卫普（Antwerpen）即得名于此，意为"扔手"（hand-to-throw）。如今，"手"的图案已成为安特卫普的象征。

钻石，从加工到集散，在安特卫普港、市发展中均担当了重要角色。时至今日，安特卫普已成为世界最大的钻石交易中心。它是世界主要的天然钻石集散地，也是世界最大的钻石加工中心，在此加工后的钻石绝大多数供出口，占比利时出口总额的6.5%。据说，世界上每10颗未切割的钻石中就有8颗要经过安特卫普处理，世界上一半以上的抛光钻石也出自安特卫普。

世界钻石之都

安特卫普——钻石！每天，来自世界各地的人群涌入安特卫普物色钻石，这里只有两种人——买到钻石的，还没买到钻石的。

安特卫普钻石加工历史悠久、底蕴深厚，其技法高超——安特卫普切割，其服务周到——买钻石者可免费入住希尔顿酒店、为买钻石者提供"非冲突"钻石保证书等，更有包括著名的"钻石园地"在内的种种钻石博物馆、展览中心令人目不暇接，无不为其绚烂之光所虏。

钻石的夺目光辉下，安特卫普还是欧洲著名的文化中心。这里是著名艺术大师鲁本斯和冯·狄克的诞生地，这里拥有保存完好、充满中世纪情调的旧市区、古老建筑及众多的博物馆。

↑鲁本斯是巴洛克画派早期的代表人物

钻石与爱情

长久以来，钻石一直象征永恒之爱，充满浪漫魔力——或被喻为星星的碎片，或被当做诸神的泪珠。其实，钻石最初是力量的象征：15世纪以前，皇帝佩戴钻石做护身符，用以驱邪避恶并带来幸运。1477年，奥地利马克西米连大公与法国勃艮地的玛丽公主定亲，钻石戒指首次成为定情与婚约的信物。至15世纪末，由于钻石坚贞不渝的象征意义，互赠钻石戒指成为西方国家结婚仪式的一部分。

汉堡——幽雅地往来穿梭

它历经炮火洗礼，依旧顽强不屈，浴火重生；

重生后的它，美丽幽静如初；

它站在欧洲市场的中心，并逐渐东渐，辐射东欧

——汉堡！

世界最大自由港

汉堡港是德国最大的港口，也是欧洲第二大集装箱港，现已发展成为世界上最大的自由港，为世界上最大的免税区域，拥有世界上最大的仓储城，面积达50万平方米。

汉堡港位于德国东北部易北河下游，处于欧洲市场的中心，是欧洲最重要的中转海港。进出汉堡港的易北河通海主航道水深13～16米，平均潮差为2.8米，港区水域深广，可同时停泊250多艘大型海轮作业。

汉堡港拥有多座多用途码头，包括集装箱码头、水果中心码头、林木专用码头、矿砂专用码头、油轮码头等。其中五个集装箱码头尤为显赫。未来，汉堡港计划继续投资数十亿欧元开发港口集装箱码头。

尽管地处西欧，汉堡港正逐渐成为东欧地区的配送中心。汉堡至东欧各国的铁路运输均为直达，中间无须办理通关、边检等烦琐手续，为汉堡港成为东欧配送枢纽提供了有利条件。服务方向东渐也是最近几年汉堡港集装箱吞吐量增长态势强劲不衰的重要原因。

浴火重生

汉堡起初并非港口，公元11世纪末以前，它仅扮演宗教角色。12世纪中叶，商业、贸易战胜宗教职能，汉堡港成为北海和波罗的海地区之间的贸易中心，并与德国北部和北欧地区的众多港口城市建立了自由贸易联盟，故被称作"自由贸易市"。

世界最大港口节——汉堡港口节

汉堡港口节始于1189年，当年5月7日欧洲大帝巴巴罗萨（腓特烈一世）批准了汉堡从易北河下游至北海的免税航行，这奠定了汉堡后来的兴旺发达，5月7日这一天被定为汉堡港的诞辰日。1911年，在议员威尔姆博士的建议下，港口节正式成为公众节日。1989年，为庆祝港口诞辰800周年，汉堡港在5月上旬举行了为期三天的盛大节日联欢，备受瞩目。此后，港口节每年均办一次，愈发隆重。庆典活动丰富，如大型帆船游行、赛龙舟、"港口之光"等，5月10日以绚丽烟火作结，期间，整座汉堡城欢腾雀跃。

↑ 汉堡夜景

↑ 圣彼得教堂

第二次世界大战前，汉堡港承担着德国绝大部分海外贸易及转口贸易。第二次世界大战期间，汉堡遭到严重破坏，85%以上的建筑物被炸毁，古建筑几乎荡然无存。

1943年，成了汉堡永久的梦魇。为打击德国法西斯，"轰炸机制胜论"的倡导者——英国空军上将哈里斯发起了代号为"罪恶城之战"的轰炸作战。动用攻击力最强的轰炸机，轮番轰炸之下，火焰风暴横扫汉堡。

但汉堡并未就此一蹶不振，它重整旗鼓，如今的汉堡工商业发达，是德国最重要的外贸中心和第二大城市。境内河道纵横，空气清新。这里工商业发达、船只往来如梭、飞机起降频繁、汽车昼夜奔驰。许多到访汉堡的人都形容这里有"迷人般的美丽"。

雅俗俱陈

汉堡"大雅"——这里有圣彼得教堂、圣米迦勒教堂、圣雅各教堂、圣凯萨琳教堂以及尼古拉尖塔教堂五大教堂；更有众多公园及风景如画的阿尔斯特湖与之呼应，它是世界上著名的"水上城市"之一，是"桥城"，是"绿城"。

汉堡"大俗"——这里有世界著名的雷佩尔朋街，充斥着各类俱乐部、舞厅、剧院，一派灯红酒绿、纸醉金迷。

伦敦——温雅有度

因着"日不落"的沉浮，这里每一块砖石都积淀着历史的足迹；
借着大文豪的羽翼，这里每一条水道都流淌着诗性的感想。
它是英国第一大港，位列四大世界级城市
——伦敦！

大不列颠第一大港

伦敦港扼居大西洋航道的要冲，是整个不列颠群岛的物资集散地，连接西欧与北美洲的桥梁。

由于全国密集的铁路网和公路网在伦敦交会，铁路网继而与港口相连接，"伯明翰—巴黎—鲁尔工业区"等大工业区之间因伦敦港得以沟通。

伦敦港跨泰晤士河南北两岸，距河口 88千米，是海轮通航的终点，水域面积达207万平方米。它包括三大港区：印度和米尔沃尔港区，可装卸各种货物，主要供来往北欧、南欧、西亚、东非和中美洲的船舶使用；蒂尔伯里港区，设有大型滚装船和集装箱码头，主要供来往南亚、西非、北美和远东的船舶使用；油轮码头，可停泊数十艘10万～20万吨级油船。

伦敦港的船坞、码头沿泰晤士河的下游伸延达50千米，可同时停泊150艘船。拥有众多封闭式港群，为该港一大特色。

↑伦敦港

大本钟

伦敦港以进口为主，长期以来一直是世界上较大的航运市场。世界主要的航运、造船和租船公司，都在伦敦设有代表机构。伦敦港码头上还装备了世界上最先进的自动化管理系统——雷达计算机管理及检测系统。

虽然地处大不列颠东南一隅，伦敦现代化交通发达，经济贸易活跃，是全球闻名的"金融城""贸易之都"。

"日不落"沉浮

公元43年，在皇帝克劳狄的领导下，罗马帝国的铁蹄踏上大不列颠岛，泰晤士河北岸的一块土地被辟为通商港口，"伦敦城"雏形乍现。

公元9世纪，撒克逊王统治英国之后，伦敦成为英格兰最大的城镇，公元12世纪成为英格兰的首都。

到了海运昌盛的15～16世纪，伦敦鼓帆远航，发展成为世界上最重要的贸易中心。1588年击败西班牙无敌舰队后，英国逐渐取代西班牙，成为海上新兴的霸权国家，开始不断扩张海外殖民地，获称"日不落帝国"。

18世纪60年代，英国首先兴起的工业革命给伦敦带来了机遇，伦敦迅速发展为世界大都市。之后的100多年间英国拥有世界最大的商船队，控制了世界海上贸易。为方便输出产品，输入原料和外来产品，伦敦东部陆续修建了多个大型船坞，航运业蓬勃发展。

↑牛津大街

↑白金汉宫

第二次世界大战期间，德国空军密集轰炸，伦敦遭到战火重创。由于伦敦东部船坞区是伦敦一条物资供应线的开端，受破坏最为严重。

第二次世界大战后，经过恢复和发展，今日的伦敦与美国纽约、法国巴黎和日本东京并列四大世界级城市。

伦敦——彬彬有礼

伦敦举手投足气韵严整，谈吐举止彬彬有礼，它或清晰严密，一板一眼认真无比；或浪漫恣意，抒情咏叹动人至极。它似乎略显冷漠内敛，却不减对体育的热情，它是现代足球的发源地，它三次获得奥林匹克运动会举办权。它迸发了无与伦比的绚烂文化——莎士比亚的剧作、拜伦的诗章、狄更斯的小说；圣保罗教堂、白金汉宫、威斯敏斯特教堂……

→威斯敏斯特教堂

马赛——雄浑中行进

它背山面海，气韵悠长；

它是普罗旺斯首府，浪漫迷离；

它是地中海最大海港、南欧最大集散中心；

这里的人民英勇壮烈，于是法国国歌烙上了它的名字

——马赛！

地中海门户

　　马赛港为地中海的最大商港、南欧最大集散中心，仅次于荷兰鹿特丹港，是欧洲第二大港口。

　　马赛港位于法国利翁湾东北岸，航道安全、昼夜通航，是一个天然良港。濒地中海，水深港阔，无急流险滩，万吨级轮可畅通无阻；西部有罗纳河及平坦河谷与北欧联系，地理位置得天独厚。

　　马赛港由老港和新港构成：老港位于城东，是欧洲最大的客运港；新港坐落于城西，以流通大宗货物为主，港区宽且深，现代化程度高，拥有世界上一流的天然气运输港。

　　马赛港共有五个港区，吞吐量1973年就保持在1亿吨左右。其中，马赛港区是法国最大的修船基地，修船数量约占全国总量的70%；福斯港区为欧洲第二大油港，是法国海洋石油工业中心和最大的钢铁基地。

马赛港腹地广阔、交通便利。通过高速公路、铁路、内河航道、空运和输油管道，港口得以与巴黎及法国其他地区乃至邻国连接起来；通过苏伊士运河和直布罗陀海峡又可直达亚太、西非和拉美等地区，货源充足稳定，且距中东、北非石油产地近，马赛港成为对非洲、亚太地区的主要贸易港。

目前，马赛港务局正为将该港建成运往全欧洲的货物中转基地而积极努力。一旦建成，不仅可保管和调运运往南欧和地中海的货物，而且将成为运往北欧和中欧地区货物的调运中心。

依托贸易崛起

马赛称得上法国历史最悠久的城市，它建立于公元前600年，一开始便是贸易港。它先后被凯尔特人、古罗马人征服，并于公元前1世纪并入罗马版图，后衰落几近绝迹。

10世纪时马赛再度兴起。1832年港口吞吐量就仅次于英国伦敦和利物浦，成为当时世界第三大港。随着商业、贸易和海运事业的兴起和发展，马赛逐步发展成为法国最大的贸易港。

不仅如此，马赛还利用港口开发建设城市，堪称以港兴市的典范。依托对外贸易和港口物流，马赛在港口附近建立炼油厂、化工厂和钢铁厂等，将进口原料加工为成品后再向外运出。目前，船舶、炼油、冶金已成为马赛的三大经济支柱，其炼油产量占全法国炼油总产量的1/4左右。

以贸易为基石，一点点垒砌加工，马赛最终成为法国最大海港，同时也吸引着世界各地的游客。据统计，它每年接待游客达300万人次以上，是法国接待游客人数最多的城市之一。

↑薰衣草

高亢激昂

  普罗旺斯，无疑是全世界无数人的心之所向——明媚的阳光、馥郁的田野、金色的向日葵、浪漫的薰衣草。马赛作为其首府，三面为山丘所环，一面向着蔚蓝大海，阳光充足，景色秀丽，气候宜人。

  背山面海的悠闲背后，马赛人民却是英勇无畏、高亢激昂——

  第二次世界大战期间，马赛港内的法国舰艇拒绝向纳粹德国屈服，全部壮烈自沉，震撼了世界；雄壮有力的法国国歌《马赛曲》更是让人们聆听到了马赛人民澎湃的爱国热情。

↑基督山伯爵被关押地——马赛伊福城

威尼斯——水漾华年

曾几何时，它是地中海贸易中心；是闻名遐迩的"水城"。

这里水光旖旎，这里历史悠久，这里文化艺术自由呼吸。

浪漫的情怀、慵懒的气息轻笼整座水都

——威尼斯！

意大利商港

威尼斯，不仅是"水城"，是世界著名的旅游胜地，威尼斯港还是意大利重要的港口。作为商港的它，是意大利的炼油中心、造船中心之一。

威尼斯港位于意大利东北沿海威尼塔泻湖中的一个小岛上，濒临威尼斯湾的西岸。

威尼斯港属亚热带地中海式气候，盛行东北—东风，冬季雾较多。年平均气温最高32℃，最低–5℃。全年平均降雨量约1 000毫米。平均潮差：大汛高潮时2.8米，低潮时0.4米；小汛高潮时2.1米，低潮时1.3米。春季东南风强劲时，潮高增加，有时会淹没个别码头。

威尼斯港口分为马里提马和马尔盖拉两大港区。港口总面积达25万平方米，年吞吐量达3 000万吨左右，每年进出船只在万艘以上，费用也较低廉，设有自由贸易区。

华丽转身

威尼斯的诞生便是个奇迹。相传公元453年，一些渔民、农民为逃避战乱，来到亚得里亚海中的这个小岛，就这样，淤泥中，威尼斯淡然出水。

14世纪前后，这里已发展成为意大利最繁忙的港口城市，被誉为整个地中海地区最著名的集商业、贸易、旅游于一体的大都市。

14～15世纪为威尼斯全盛时期，它成为意大利最强大和最富有的海上"共和国"、地中海贸易中心之一，其生产的玻璃制品、珠宝玉石、花边刺绣以华美精致闻名于世。

16世纪起，随着哥伦布发现美洲大陆，新航路开通，欧洲商业中心转移到大西洋彼岸，威尼斯港逐渐衰落。但威尼斯市并未委顿，该市开通纵横河道达177条，把全市分成122个大、小岛屿，其间以400多座桥梁相连，成为世界著名的"水上都市""百岛城""桥城"，并被列入世界文化遗产名录。

↓圣马可广场被誉为"欧洲最美的客厅"

↑威尼斯狂欢节，全世界四大狂欢节之一。人们戴上面具，消隐身份，重拾自由，且狂且欢，放纵恣意。

↑威尼斯玻璃制品

↑马可·波罗

　　一部《马可·波罗游纪》记载了中国的富饶，激起了欧洲人对东方的强烈向往，刺激了新航路的开辟。马可·波罗这位伟大旅行家的故乡便是威尼斯！

优雅慵懒

　　这是一座充满浪漫魔力的城市，波光潋滟中，文化、艺术自由荡漾。徐志摩笔下忧伤的叹息桥、浴火重生的凤凰歌剧院、精美古迹环绕的圣马可广场、生动明快的威尼斯画派……昔日的光荣与梦想透过这座城市的精髓——水波绵延至今日，威尼斯荡着双桨，哼着咏叹调，慵懒地推波前行。

↑叹息桥建于1603年，因桥上死囚的叹息声而得名。如今，叹息由悲伤转为浪漫：传言，如果日落时恋人在叹息桥下的贡多拉上亲吻对方，就会永不分离。

摩尔曼斯克——冰而不冻

它位于北极圈内，港湾却终年不冻；

北极，已经融入这座港城的血液；

"四极"，兀自诉说这座港城的清冽

——摩尔曼斯克！

四季不冻

摩尔曼斯克是俄罗斯北冰洋沿岸最大的海港，俄罗斯最大的深海鱼捕捞基地；它还是北冰洋考察站的前进基地和北方诸岛的后方基地。

在北纬69°的北极圈内，摩尔曼斯克港深入北极圈内达300余千米，却终年不冻，堪称奇迹。这项奇迹是如何造就的呢？原来，俄罗斯科拉湾三面环山与丘陵，寒风与气流被阻挡，加上北大西洋暖流的不时光顾，冬季尽管外界气温低于零下40℃，但港湾仍能不冻。

摩尔曼斯克港区狭长，南北长8.5千米，航道水深17.1～18.2米，可通行1.3万吨级舰船。该港属半日潮港，平均潮差：小潮约2.4米，大潮约4.5米。

由于位于北极圈中，摩尔曼斯克一年中有一个半月的极夜及两个月的极昼，但港口总能保持全天运行。

摩尔曼斯克港分军用、民用两部分。民用又可分为渔港、商港两类。目前，捕鱼业和船舶制造修理业是这里的支柱产业。

与军事共荣

摩尔曼斯克的发展与俄罗斯北方海上军事力量的发展息息相关。由于科拉湾即使在冬季海水亦不结冰，加上船舰出入此港无须经过别国掌控的海峡，不冻港摩尔曼斯克的战略地位不言而喻。

沙皇俄国时期起，俄罗斯便积极推行在北方地区建立不冻港海军基地的海军发展战略。1899年沙皇俄国在此处建立了第一个军港。1916年，摩尔曼斯克连通俄罗斯内陆的铁路建成通车，俄罗斯同时决定在此兴建港口，摩尔曼斯克正式建城。

第二次世界大战期间，摩尔曼斯克功劳不可小觑，来自盟国的各种物资通过这里，源源不断地输送到苏联各地。第二次世界大战后，为同美国争夺海上强国地位，苏联政府积极发展海上军事力量。如今，北方舰队成为俄罗斯海军着力发展的海上力量之一。由于摩尔曼斯克同北方舰队联系紧密，这里的造船和船舶修理业以及核工业逐步壮大繁荣。

极致之城

摩尔曼斯克依山而建，远眺科拉湾，风姿迷人。每年7月，游客可踏上俄罗斯第4代核动力破冰船"瓦伊卡奇"号，探索神秘的北极，感受"北极点之旅"的独特魅力。冬季，实在是摩尔曼斯克最为迷人的时光——灯火通明、霓虹闪烁的极夜，色彩斑斓、瑰丽多姿的极光，清新凛冽、令人振奋的极地空气，奢华无比、极其昂贵的鱼子酱——"四极"，将这座港城的清冽与纯粹娓娓道来。

↑ 破冰船

↑ 摩尔曼斯克的入城标志

↑ 瑰丽极光。因纽特人认为"极光"是鬼神引导死者灵魂上天堂的火炬；希腊神话中则认为极光是黎明的化身。

伊斯坦布尔——博采众家之长

它横跨亚、欧两陆，沟通欧、亚、非三洲：
北达黑海，南接地中海，西望欧洲，东临亚洲。
就如拿破仑所言：
如果全世界是一个国家的话，那么它的首都肯定就是
——伊斯坦布尔！

欧亚非枢纽

伊斯坦布尔港是土耳其最大的港口，位于土耳其西北部博斯普鲁斯海峡南端，横跨亚、欧两洲，控制着从地中海经马尔马拉海去黑海的"黄金水道"。博斯普鲁斯海峡全长29千米，北口最宽约4千米，中部最窄690米，最深处约80米，最浅处27.5米，各种船只畅通无阻，是黑海沿岸国家通往爱琴海、地中海唯一的海上要道。

伊斯坦布尔港共40多个泊位，年吞吐量1 000万吨以上，集装箱5万余标准箱，主要进口货物为煤、铅、铜、锡、木材、牛油及工业品等，出口货物主要有羊毛、棉花、烟叶、丝、水果及地毯等。

伊斯坦布尔港共有两个码头，一个是位于欧洲部分的康普特码头（亦称马达斯码头），另一个是处于亚洲部分的海达尔帕夏码头。后者为政府港口，通关手续烦琐。

伊斯坦布尔港属亚热带地中海式气候，东北风盛行。每年有雾日36天，全年平均降雨量500毫米，潮汐变化甚小，港况优良。

↑博斯普鲁斯大桥

伊斯坦布尔港地理位置十分优越：放眼西望，欧洲大陆近在咫尺；东部帕米尔高原之外，丝绸之路延伸；南接地中海，北可达黑海沿岸各国，从海上可通欧、亚、非三大洲，名副其实的洲际交通枢纽。

兵家之地

极其优越的地理位置，极其便利的交通条件，不仅为伊斯坦布尔港提供了极大的生存发展空间，也极大便利了伊斯坦布尔的经济发展。

公元前667年，希腊人来到伊斯坦布尔的欧洲部分，称为拜占庭，后被罗马人攻占。公元330年，罗马首都迁至拜占庭，并将该城更名为君士坦丁堡。395年，罗马分裂为东、西罗马帝国。君士坦丁堡成为东罗马帝国首都。1453年，土耳其军队攻占君士坦丁堡。君士坦丁堡被定为奥斯曼土耳其帝国首都，改称伊斯坦布尔，意为"伊斯兰之

城"。1923年，土耳其共和国成立，首都由伊斯坦布尔迁到安卡拉，至此，伊斯坦布尔作为首都的历史结束。

虽然历经多次权力更迭，依托良港，伊斯坦布尔非但没有萎缩，反而成功演绎土耳其"心动之地"的角色，出落成土耳其最大的城市和工商业中心。

东西兼容并蓄

3 000多年间，伊斯坦布尔沉淀了深厚的历史文化底蕴。希腊—罗马—土耳其的转换，为伊斯坦布尔披上了基督教和伊斯兰教的双重色彩；欧、亚、非三洲枢纽的地位，使伊斯坦布尔得以汲取各民族思想、文化、艺术之精粹，东、西方思想文化在此交汇融合，华彩奕奕。

↑《伊斯坦布尔：一座城市的记忆》

此书为奥尔罕·帕慕克自传体作品。作者凭借此书获2005年诺贝尔文学奖提名与2006年诺贝尔文学奖。个人的历史、城市的忧伤，都被描写得淋漓尽致。对作者而言，伊斯坦布尔一直是一座充满帝国遗迹的城市。阅读此书，目睹个人失落的美好时光之余，传统和现代并存的伊斯坦布尔历史及土耳其文明的感伤更是纤毫毕现。

↑圣索菲亚大教堂

↑托普卡珀博物馆

非洲港城

Ports in Africa

　　非洲，这片南北迥别的大陆，北部港城依着地中海，旖旎温婉；南端港城连着大西洋与印度洋，繁忙熙攘。

亚历山大——文雅沉静

　　"白色大理石反射的月光令城市如此明亮，以至于裁缝不用灯光就能把线穿入针孔。进城时，士兵遮住眼睛以防大理石反射的炫目光芒。这片城市有4 000个宫殿、4 000个浴室、400个剧院。"阿拉伯史书中的一段记载，道尽亚历山大城昔日的荣耀。

埃及最大港口

亚历山大港是埃及最大的港口，也是世界著名的棉花市场和埃及重要的纺织工业基地。

亚历山大港地跨亚、非两洲，位于埃及北部沿海的尼罗河口，阿拉伯湾东岸入海处，濒临地中海的东南侧。该港分东、西两港，港外有两道防波堤和狭长的法罗斯岛作屏障。西港为深水良港，全港面积达6平方千米。埃及每年80%～90%的外贸货物都经该港中转，每年的货物吞吐量达约3 000万吨。

亚历山大港属亚热带地中海式气候，年平均气温最高7月约26℃，最低11月约12℃。春、秋常有沙暴，可持续数小时至数天。冬季清晨常有雾。全年平均降雨量约300毫米。

亚历山大港区岸线长10 143米，最大水深为10.6米，主要码头60个，码头最大可停靠4万载重吨的船舶。港口的国际机场有定期航班飞往世界各地。

↑亚历山大大帝（公元前356-前323年）

亚历山大，欧洲历史上最伟大的军事天才之一，马其顿帝国最负盛名的征服者。担任马其顿国王的13年中，东征西讨，驰骋欧亚非大陆，客观上促使古希腊文明广泛传播。他足智多谋，曾师从亚里士多德。

永不泯灭

亚历山大港始建于公元前332年，得名于其奠基人亚历山大大帝。当时马其顿帝国埃及行省的总督所在地设在亚历山大市。

亚历山大大帝死后，埃及总督托勒密在这里建立了托勒密王朝，亚历山大市作为首都，很快成为古希腊文明中最大的城市，其规模和财富仅次于罗马。

←亚历山大城徽——庞贝柱

庞贝柱又称骑士之柱，约建于公元1世纪，高达27米。据说，以前共有400根石柱，目前仅余一根孤零零伫立，其余皆因地震而陆续倒塌。石柱现只有狮身人面像陪伴，诉说着风霜与沧桑。

之后，埃及的伊斯兰教统治者定开罗为新首都，亚历山大港的地位不断下降，几乎沦为一个小渔村。

公元641年，阿拉伯人接管亚历山大港，这里很快成为欧洲与东方世界的贸易中心和文化枢纽。这座海港，曾无数次被战火焚烧，沦为人迹罕至的废墟。好望角航线的发现，更是让这里一度萧条。然而，这座城市总能奇迹般重生。

第二次世界大战时，魔术师贾斯伯·马斯基林运用魔术，将附近荒芜的马约特湾"梳妆打扮"——夜晚亚历山大城中一片漆黑，该处则灯火通明，德军误将该处当做目标轰炸，亚历山大城逃过一劫！

第二次世界大战后，亚历山大市发展迅速，现有居民400万，为埃及第二大城市，纺织、造船、炼油工业发达。

"地中海新娘"

身处蔚蓝色地中海的怀抱中，亚历山大城宁谧惬意，它的风格与埃及其他地方不尽相同，因而被亲昵地唤作"地中海新娘"。

除舒缓的海滨格调外，亚历山大还被浓郁的文化氛围点缀。世纪轮转，它不断传播地中海文化，堪称"古希腊文明的灯塔"。这里有闻名遐迩的亚历山大图书馆，它始建于公元前3世纪，为当时世界上最大的图书馆。公元391年，罗马帝国驻埃及的阿非罗主教下令烧毁亚历山大图书馆的藏书，自此，埃及古典文化时期结束，欧洲中世纪文化时期开始。1988年，在原图书馆的旧址上，埃及重建了一座现代化图书馆。

→千年之焰——亚历山大灯塔

　　亚历山大灯塔为古代七大奇观之一，于公元前约270年建于埃及，135米高，为当时世上最高建筑物。夜晚时，其烛光照耀整个亚历山大港，保护海上船只。自公元前281年点燃起，直到公元641年阿拉伯伊斯兰大军征服埃及，火焰才熄灭。它日夜不熄地燃烧了近千年。公元700年，灯塔在地震中陨灭。

↓新亚历山大图书馆外景

卡萨布兰卡——洁白哀婉

"叹息一瞬间，甜吻驻心田。任时光流逝，真情永不变。"

——《时光流转》（电影《卡萨布兰卡》主题曲）

摩洛哥最大港口

卡萨布兰卡港，位于摩洛哥西北沿海，东北距首都拉巴特约88千米，濒临大西洋的东侧。在摩洛哥，卡萨布兰卡以"三最"闻名：人口最多的城市、最重要的经济中心、最重要的港口。卡萨布兰卡港是摩洛哥最大的港口，是该国进出口商品的集散地，也是非洲第二大商港。

卡萨布兰卡港共有30多个泊位，码头线总长约5千米。每年接待1万多艘船，吞吐量达2 000多万吨，摩洛哥全国70％货物经该港进出口。输出磷灰石、柑橘、铅锌砂石等，输入石油、煤、工业品等。铁路可通往国内主要城镇及产区。卡萨布兰卡有两个国际机场，离港口较近的约5.5千米。

随着摩洛哥对外贸易的快速增长，该港货物吞吐量不断攀升，而港口相应的服务及设备滞后，货物装卸速度慢，加上通关手续烦琐，且存在违规收费现象，导致大量货物滞留。后来摩洛哥出台紧急措施，如临时租用附近地皮，扩大仓储面积；简化出关手续、规范港口秩序等，货物滞留现象得到缓解。

殖民地历程

纵观卡萨布兰卡历史，不难发现，它曾长期被禁锢在"殖民地"这一身份下。

这里原是安发故城，15世纪中下叶被葡萄牙人占领，1755年葡萄牙人撤退后，曾改称达尔贝达。

18世纪末，西班牙人取得在该港口贸易的特权，称它为卡萨布兰卡，意为"白色房子"。

20世纪初，卡萨布兰卡又被法国占领，成为法国在非洲的势力中心。摩洛哥独立后恢复了达尔贝达的名称，但人们仍习惯性称之为卡萨布兰卡。

第二次世界大战期间，摩洛哥由西班牙和法国分别占领，同时有德军进驻，而卡萨布兰卡是从欧洲逃往美国的必经之地，也是北非最重要的国际情报交换站，鱼目混珠、局势紧张、地位重要。

↑哈桑二世清真寺一角

1943年1月24日，在卡萨布兰卡记者招待会上，美国总统罗斯福宣布，同盟国将把对德、意、日的战争进行到这三国"无条件投降为止"。此次为期10天的卡萨布兰卡会议促进了世界和平进程。

卡萨布兰卡人认为白色代表真诚、纯洁，因而喜欢穿白色的长袍，建白色的房子。

《卡萨布兰卡》

卡萨布兰卡可谓白色的海洋，雪白的建筑映衬着棕榈树的枝叶，一种特有的闲情逸致、温柔敦厚扑面而来。这里十分浪漫，意蕴十足，每一个拐角，每一处房屋，甚至街上行人都带着一种被岁月打磨后的神采，让人时常有一种惊艳的感觉。

但令卡萨布兰卡蜚声中外的，却是一部电影——《卡萨布兰卡》！

香水百合=卡萨布兰卡？

香水百合，亦称卡萨布兰卡，堪称"百合女王"，纯白无瑕，花语是"永不磨灭的爱情"。

电影《卡萨布兰卡》（又译《北非谍影》）以第二次世界大战为背景展开，堪称"教科书"式的经典爱情影片，对正义的刻画也令人动容，荣膺第50届奥斯卡奖。据说，影片中描写的故事确实发生在这里，影片中的人物、场景甚至细节很多是真实的。

受这部电影的启发，著名音乐人贝特·希金斯创作了歌曲《卡萨布兰卡》。悠长哀婉的男中音，为这座城市平添了难以言喻的神秘。

开普敦——满载好望

印度洋在东，大西洋在西，欧、非文化在此碰撞交融；

这里风光秀丽，文化灿烂，异彩纷呈；

2010南非世界杯，全世界为之喝彩！

置身南非南端，承载悠悠好望

——开普敦！

南非之端

开普敦港南距好望角52千米，濒临大西洋东南侧，是南非的重要港口，欧洲船舶沿非洲西海岸驶向印度洋及太平洋必经此处。

开普敦港每年吞吐量超过2 000万吨，其深水码头可以同时靠泊40多艘远洋巨轮。因该处10月至次年3月盛行东南风，5~9月盛行西北风，潮流平均高度为2米，所以开普敦港建造1 567米长的防波堤，与海堤、海港入口的港湾一道，抵御南大西洋海浪的袭击。

目前，每年经过好望角的船舶为2万~3万艘，堪称南半球最繁忙的航道。为了适应好望角航线蓬勃发展的需要，南非政府投资扩建开普敦港。现今，开普敦已建成可容纳25万吨以上巨

开普敦港停泊须知

船舶进港必须引航，引航免费。

未指定代理人之前，船舶不准入港。

油轮和装载危险品的船舶受日照时间的约束。

在好望角附近的桌湾地区，即使无风天气，也常有涌浪自西南袭来，故冬季期间不宜锚泊。

轮停靠的码头，并建立起一个世界范围的通信网：西至南美洲，东面包括整个印度洋，南至南极海域。此通信网能对通过好望角海面的船舶的情况提供准确报告。

好望起伏

1488年，葡萄牙航海家迪亚士在此遭遇风暴，故唤之"风暴角"。

据说，9年后，葡萄牙另一位航海家达·伽马到此，却发现此处气候温和、风平浪静，呼之"好望角"。何为"好望"？达·伽马在此建立贸易站，希望开创一条新航路——从欧洲绕此通向印度，连通大西洋和印度洋。作为两大洋交汇点，好望角无疑是船舶停靠、补充淡水和新鲜蔬菜的理想港口。荷兰和英国船队后逐渐被吸引至此。

1652年，外科医生范·吕贝克带领70人登岸，在塔布尔山麓建立居民点，筑起堡垒，建造了货栈和医院。后来，这里便发展成了开普敦市。开普敦第一个木质凸码据说也是这位医生的杰作呢！

苏伊士运河开通后，好望角在东、西方贸易中的地位一度走向衰落，开普敦发展受挫。但1967年开普敦再度兴起，至今不衰。秘诀有二：中东战争使苏伊士运河关闭8年，运河复航后通行税涨价；船舶逐步大型化，许多油船、矿砂船吃水深，非走好望角航线不可。

事实上，除了补给站和贸易站的角色，开普敦还是个安全港！它的存在，使许多货船、众多性命幸免于风暴之难。

↑开普敦"桌山"，白云覆于山顶，形态各异，俨然一座天然博物馆。可知这些云朵的传说？一天，桌山附近，一海盗和一魔鬼相遇，边吸烟边攀谈，魔鬼不经意间透露，山上只剩一个温暖洞穴。海盗随即提出进行吸烟比赛，赢者得洞穴，比赛持续至今，因此桌山上总是云雾缭绕。冬天为何无云？魔鬼和海盗现在年事已高，冬日阴冷潮湿，暂停比赛！

开普敦港

异彩纷呈

开普敦气候宜人，风光秀丽，荷兰和英国统治的印迹不难寻觅，欧陆风格建筑鳞次栉比，欧、非文化在此碰撞，开普敦异彩焕发。

开普敦的白沙海滩极具特色：布鲁堡海滩是滑浪以及风帆运动的热门地点；保达斯海滩则以非洲企鹅最为著名，在这里还可以同鲸鱼来个近距离接触呢！

←非洲企鹅，又名南非斑嘴环企鹅或黑足企鹅，久居南非水域，品种珍贵；号叫声像驴一样持续，得名"叫驴企鹅"。

大洋洲港城

Ports in Oceania

　　独立于其他大陆，海运是大洋洲与外界沟通的重要渠道，港城因之而多彩多姿——古朴典雅而又朝气蓬勃……

悉尼——典雅旖旎

白色歌剧院扬帆欲行，港湾大桥曲折有度；
一座年轻的澳洲古城，人称"南半球纽约"
——悉尼！

"城中港"

悉尼港，又称杰克逊港，位于澳大利亚新南威尔士州东部，东临太平洋，向西 20千米为巴拉马特河，河流和港湾把悉尼市区分割为南北两部分，因此悉尼港有"城中港"之美称。它是澳大利亚进出口物资的主要集散地、第二大集装箱港口，年吞吐量3 000万吨，约占全澳总量的1/3，货运量居全国首位。

悉尼港属地中海式气候，年平均气温1月最高约25℃，7月最低约6℃。全年降雨，由于东风调节，上半年的雨量稍高一些，全年平均降雨量1 200毫米。

悉尼港水深港阔，位置隐蔽，能抵挡太平洋上的狂风巨浪，商船可从悬岸间隙进出；有120个泊位和长达18千米的装卸区，拥有现代化港口设施，为一优越的天然良港。港区主要码头泊位有12个，岸线长2 421米，最大水深为12.4米。

悉尼港还是澳大利亚唯一拥有两个专用邮轮码头的港口，与近200个国家和地区的港口有贸易联系，有定期往返于英国、加拿大、美国、日本、菲律宾和中国香港等国家和地区的旅游客船。

↑悉尼歌剧院是悉尼港的标志

"南半球纽约"

悉尼的发展轨迹与纽约多有相似之处——发展时间相对较短，十分迅速，大量移民涌入，充满国际化与现代化气息，故被称作"南半球纽约"。

220多年前，这里尚且荒无人烟。1788年英国流放罪犯于此，悉尼成为英国在澳大利亚最早建立的殖民点。

1842年，此处改设城市建制，悉尼市雏形初成。1855年铁路通车，1932年著名的悉尼海港大桥建成，城市随之迅速发展。

20世纪70年代初，悉尼的规模超越墨尔本。目前，悉尼已成为全国最大的工商业城市、最大的经济中心、大洋洲的贸易中心。

2000年悉尼奥运会则使悉尼的国际声望和知名度空前提高。

岩石区

休闲都会

悉尼是澳大利亚最大、最古老的城市，以时任英国内务大臣的悉尼子爵之名命名。位于澳大利亚东南海岸的它，夏无酷暑、冬无严寒，日照充足、雨量丰沛，环境优美、风光秀丽。

除自然风光令人赞叹之外，悉尼还是个名副其实的人文大都市——悉尼歌剧院中芭蕾舞优雅飞旋，歌剧、舞台剧震颤心灵；悉尼港口旁边，澳大利亚首批欧洲移民落脚地——岩石区静默伫立；这里，街景多姿多彩，建筑古典优雅；这里有各式餐厅、娱乐场所以及各种商品专卖店。美食、美酒、游船上观景就餐，悉尼，享不尽的阳光、海水和沙滩……

↑悉尼大学是澳大利亚的第一所大学，创立于1850年。校训：繁星纵变，智慧永恒。悉尼大学排名亚太前十位，与澳大利亚国立大学和墨尔本大学并列澳大利亚三大学术地位最显赫的学府。

↑澳大利亚特有的考拉

墨尔本——活力金山

这里曾是澳大利亚首都，这里曾是风云一时的"新金山"；

它宜居，它多元，它富于活力；

"随行聚力"，这句座右铭，道出了前行信念

——墨尔本！

澳洲最大港口

墨尔本港是澳大利亚最大的现代化港口、最繁忙的集装箱港，是澳大利亚东南地区羊毛、肉类、水果及谷物的输出港，也是重要的国际贸易港口。较大的经济规模，使墨尔本港码头费用和集装箱费率在澳大利亚最低。

墨尔本港位于澳大利亚维多利亚州南部沿海的亚拉河口，在菲利普港湾北侧的霍布森斯湾内，属亚热带季风气候。全年平均气温12℃~25℃。全年平均降雨量约1 200毫米。平均潮差：大潮3米，小潮2.2米。最大水深13.1米。

墨尔本港全港有80多个泊位，集装箱装卸量居南半球首位。该港包括亚拉河港区、亚拉维尔港区、新港区、威廉斯顿港区、墨尔本城港区和韦布港区等；有四大国际集装箱码头，分别为斯旺松码头、维布码头、维多利亚码头及阿普尔通码头。

"新金山"

1851年，墨尔本地下的金矿被发现后，大量人群从世界各地前来淘金，包括大量华工。由于淘金热潮，墨尔本的人口迅速增长，使美国旧金山黯然失色，故墨尔本又被华人称为"新金山"，至今当地还有很多华人办的学校、商店、公司仍携有"新金山"名号。

清朝末年，外交官李圭在《东行日记》中提到中国以外的两个海外华人聚居城市，也就

↑墨尔本艺术中心

是"两个金山"，并称要"以新旧别之"，指的就是美国旧金山和澳大利亚墨尔本。

19世纪80年代，墨尔本是高度发达的城市，曾被报道为当时全世界最富裕的城市。

墨尔本现在的人口约374万，是移民聚居的城市。不同族群的人们聚居成区，在生

活习惯、节庆、餐饮上风格各异，带来了多元文化的丰富情趣。

如今的墨尔本不仅拥有现代化的港口，还是澳大利亚的工业重镇，重型机械、纺织、电子、化工、金属加工、汽车等都很兴旺，工业现代化程度很高，商业、金融、交通等均十分发达。

随行聚力

墨尔本充满人文趣味，它拥有自己的座右铭——"随行聚力"。

1990～2006年，墨尔本先后10次被国际人口行动组织评选为"世界上最适合人类居住的城市"，可见墨尔本的宜居程度之高。知道吗？墨尔本最吸引人的地方之一就是——可以看到世界上最小的企鹅（成年企鹅身高约30厘米）！去菲利普岛上就能置身企鹅中……

墨尔本曾作为澳大利亚首都长达26年之久，积累了深厚的文化底蕴，拥有全澳大利亚唯一被列入世界文化遗产的古建筑——墨尔本皇家展览馆，库克船长的小屋，旧国会大厦，墨尔本旧监狱等。

墨尔本还是一个体育盛事之都，曾举办过夏季奥运会、英联邦运动会、世界游泳锦标赛，并每年主办举世闻名的澳大利亚网球公开赛和一级方程式赛车澳大利亚大奖赛。

↑ 旧国会大厦

↑ 菲利普岛上的企鹅

↑ 一级方程式赛车澳大利亚大奖赛

奥克兰——自由风帆

全国人民亲如一家，一同聚在神的脚下；我们自由的祖国，恳求上帝保护她。太平洋上三颗星，保卫它们不受侵犯，赞美歌声传四方：上帝保护新西兰。

——新西兰国歌

↑ 港湾大桥

新西兰最大港口

奥克兰港位于新西兰北岛中央偏北地带、北部奥克兰半岛南端，处在太平洋的维特马塔港和塔斯曼海上的曼努考港湾之间仅26千米的地峡上，是新西兰最大的港口、全国航运中心，还是重要的国际交通枢纽。奥克兰港在地区发展中发挥了重要的作用，它为新西兰提供了20万个就业机会。

奥克兰港属温带海洋性气候，盛行西南风。年平均气温10℃~20℃。全年平均降雨量1 000~1 500毫米。大潮2.9米，小潮1.9米。

新西兰共有11个集装箱港口，以奥克兰港规模最大。港区东西伸展约3千米，自西向东排列多个码头，其前沿水深均可达8~12米，并有铁路通达。码头岸线总长约5.5千米，共有30多个深水泊位。

奥克兰港的码头紧邻繁华的商业中心，分为客运码头、汽车滚装码头、散杂货码头和集装箱码头，可以停靠6 000标准箱的集装箱船舶。此外，集装箱码头还在向东填海扩建，并正与邻近的水深条件更优的塔伦港进行联合。

奥克兰港十分重视环境保护，由于港口紧邻市区，为了降低噪声，专门从欧洲进口了降噪音的码头机械设备。

与英国的纷争

1840年2月6日，英国政府派遣威廉·霍布森上尉到新西兰，与当地的毛利人签订《怀唐伊条约》，512位毛利酋长签署了这一条约，英国人以6英镑买下此地。霍布森选择奥克兰为新殖民地的首都。一年间，2 000名英国移民来此砍伐开垦。

条约签订之时，霍布森曾答应不侵犯毛利人的土地，之后他却对毛利人大肆掠夺和残酷镇压。1856年，毛利人发起"国王

毛利人庭院

《怀唐伊条约》保留了毛利人
对土地及其他资源的拥有权，使这
种独有民族的文化精粹得以保存，
并成为新西兰一大旅游特色，其碰
鼻礼和纹面为世人熟知。

运动"，推举出一名国王，毛利人各个部族第一次联合起来。二者之间的冲突愈演愈烈，最终，新西兰史上著名的"毛利战争"爆发。毛利人在战争中遭受重创，不过仍保存了一定的力量。

　　20世纪上半叶，奥克兰出现有轨电车和铁路，城市迅速发展。干线铁路和高速公路使城市之间得以联合，奥克兰与北岸（尤其是在奥克兰海港大桥修建后）和南方的曼努考市均建立直接联系，进一步促进了奥克兰的发展。

　　如今，奥克兰是新西兰第一大城市，成为全国工业、贸易中心。

风帆之都

　　奥克兰位于新西兰北岛，濒临大海，水域浩渺，这里的人们更是热爱水上运动，尤其是帆船。你知道

著名的毛利湾

吗？在这座城市，几乎每三个家庭就拥有一艘帆船！奥克兰由此得名"风帆之都"。

众多移民构成了今日之奥克兰，所以整座城市弥漫着自由轻松的氛围，来到这里，沐浴着金黄色的阳光、吹着清凉的海风，悠然的浪漫情怀悄然爬上心头。

新西兰第一高校——奥克兰大学

奥克兰大学在新西兰的大学中规模最大，科系最多，计算机、工程、医学、药学、建筑等学科都非常著名，有的学科甚至是新西兰唯一或北岛唯一。奥克兰大学创立于1883年，现约有学生27 000人。

↓奥克兰天空塔——南半球最高的建筑（高328米）

↓奥克兰大学

北美洲港城

Ports in North America

　　北美洲，那里的蔚蓝色经济影响着全球经济命脉的搏动，港城自是不容小觑——实力雄厚，新锐跃动……

纽约——梦起航的地方

"AMERICA！" 一声呼喊点亮了所有赴美寻梦者的眼睛；

一尊自由女神像，燃起了无数人心中的自由畅想；

它是新大陆的门户，是开启梦想的钥匙；

它矗立在北美，吸引着世界各地的人群、文化、财富

——纽约！

欧美航运中心

纽约港是美国最大的海港、也是世界上天然深水港之一，位于美国东北部哈得孙河河口，东临大西洋。由于邻近全球最繁忙的大西洋航线，并以伊利运河连接五大湖区，纽约港成为美国最重要的产品集散地、欧美交通中心及全球重要航运交通枢纽。

纽约港区面积3 800平方千米，是世界上面积最大的港口。它包括三个港区：纽约、新泽西、纽瓦克。因纽约和新泽西两州港口设施均分布于此，该港又称纽约–新泽西港。

纽约港港口宽深，潮差小，平均仅为1.4米，冬季不冻。航道水深15～20米，20万吨巨轮可自由出入。纽约港设有对外贸易区，多年来吞吐量都在1亿吨以上，1980年吞吐量就已达到1.6亿吨。该港拥有现代化装卸设备和干船坞及库藏设施，每年平均有4 000多艘船舶进出。

纽约港每天接纳来自世界各国的货物，通过河运、铁路、公路和航空运往各地。纽约港共有200多条水运航线、14条铁路运输线、380千米地下铁路及稠密的公路网和3个现代化空港。优良的多式联运，使港口与内陆市场紧密相连。

↑ 纽约夜景

↑ 纽约大桥

↑联合国大厦

↑帝国大厦

↑时代广场

涅槃之路

　　1492年哥伦布发现美洲大陆，打破了曼哈顿岛南端印第安人的安宁。西欧各国殖民者随之接踵而至，"新大陆"平静不再。

　　1609年，英国人亨利·哈得孙探察并命名"哈得孙河"，认为这里距欧洲航线最近，是发展通商贸易最有利的地方。纽约港锋芒初现。

　　1626年，曼哈顿岛易主，荷兰人从印第安人手中将其买下。尔后，荷兰人便在这里修筑交易市场和手工业作坊，并在哈得孙河口修建了许多简易码头，欧洲各地的商人也陆续到此地经商贸易。纽约港日益壮大，纽约也依托贸易逐渐发展为小镇，易名为"新阿姆斯特丹"。

　　1664年，小镇被英国殖民者占领，并被改名为"纽约"。1686年纽约由镇蜕变为市，并于1788年加入联邦，成为美国第11个州。

　　19世纪初，随着贸易的扩大，纽约港沿哈得孙河口及上纽约湾不断发展，并且建立了很多造船工厂，港区逐渐壮大，为纽约市带来大批的财富及物产，以及来自世界各地的移民，成就了这座"移民之城""世界都市"。

跃动之城

在纽约，汇集着来自世界各地的人群、语言、文化。走在街上，可耳闻多种语言，目睹各种肤色。自由女神像下仰望，帝国大厦之上眺望，时代广场中许下新年愿望……文化的多样性，便是它的独特性。

纽约的生活步调极快，忙碌紧张。在这里，你要么随着人潮前行，要么就被淹没。对有些人而言，这似乎令人喘不过气，但这正是纽约的魅力所在——活力四射。

在这里，高端人物、思想汇集、自由碰撞，随时随地都有新鲜事发生：联合国总部、华尔街、35个百老汇剧场、150多家博物馆……这座城市永不倦怠。

↑ 华尔街

↑ 华尔街铜牛

西雅图——捕捉时代潮流

它是美国西北部最大的集装箱港口，是北美通往远东的门户；

它率先完善集装箱港和集疏运系统；

它聚集了"波音"及"微软"两大行业巨头；

它散播着幽静绿意、自然气息

——西雅图！

集疏运先锋

西雅图港是美国距离远东最近的港口、美国第二大集装箱港、美国西海岸最大最高效的集装箱港口和货运中心，多种经营、多式联运非常发达。它与两条横跨北美大陆的铁路线相连，为北美大陆桥的西端桥头堡。

西雅图港面阔水深，面积达21.5平方千米，岸线长达85.6千米，水深大部分大于18米，潮差为2.7～5.5米，且风浪小，全年无冰冻，为少有的天然良港。

西雅图港的集疏运系统和现代化水平世界闻名。第一期西雅图—塔科马快速运输战略通道工程，即为公路、铁路和快速通道的

立体交叉工程，促使流通更加安全、快速、准确。近些年，西雅图港又建造了最现代化的多式联运铁路调车场，大大简化了手续，缩短了货物中转的时间。

现在西雅图港连接着3条铁路干线、50多条航空线、40多条公路线和两条管道线等多种集疏运运输方式，保证了港口贸易大发展对集疏运的需要。强大的集疏运系统促使西雅图港成为著名的转口港——太平洋北部的门户港。

↑太空针塔是美国西北太平洋地区的一座主要地标，位于西雅图市中心，因1962年世界博览会而兴建。

↑西雅图波音公司

↑微软公司全球总部一角

港区分内、外港两部分。港湾与内陆湖港之间通过华盛顿航道相连，称为内港；外港则分布在埃利奥特湾南、东、北沿岸。远洋船多停靠在外港。

相时而动

西雅图始建于1851年，1868年设镇，1869年设市。1893年"淘金热"浪潮来袭，西雅图壮大为美国大北方铁路的重要终端。当时恰逢巴拿马运河通航、思密斯湾码头及杜瓦米什水道得到开发，西雅图港迅速发展成为美国通往阿拉斯加的重要港口和世界上最大的海港之一。

第二次世界大战后，由于太平洋地区亚洲国家经济的崛起，世界经济重心由大西洋地区转移到太平洋地区，太平洋地区国家之间的贸易陡增；海上集装箱运输崛起，成为国际贸易货物运输的一种主要方式。西雅图港抓住时机，投巨资建设集装箱码头设备，并与亚洲之间装备复杂的通讯网络，实现计算机自动化，凭此成功登上了集装箱大港的地位。与此同时，西雅图的飞机、船舶制造工业迅速发展——全世界最大的飞机公司"波音"总部、美国海军劳顿要塞均在此处。

时至今日，西雅图已成为太平洋西北部商业、文化和高科技的中心。当今世界和美国经济主宰之一的微软公司总部亦位于此。

"绿宝石城"

　　西雅图气候湿润、四季如春，常年青山绿水环绕，被唤作蔚蓝海边的"绿宝石城"。这里有古老的冰川、活跃的火山和终年积雪的山峦。这里树木蓊郁，草地青葱，甚至清风、细雨都沾染了青绿的颜色。幽静的港湾、河流，掩映着色彩绚烂的街市。

↑美国最高的火山——雷尼尔山

　　雷尼尔山位于西雅图的南面，海拔4 391米，为圆锥形火山。基盘为花岗岩，火山体为安山岩。最近一次喷发于1870年，现仅喷少量蒸汽，附近有温泉。以该火山为中心，建立了美国华盛顿州的地标——雷尼尔山国家公园。

洛杉矶——欣欣向荣

好莱坞如雷贯耳，迪斯尼大名鼎鼎，它是全世界流行文化的风向标；

它的飞机制造业著称于世、石油工业闻名遐迩，

它是美国西部工业中心、美国最大的集装箱港口

——洛杉矶！

全美最大的集装箱港

　　洛杉矶港是美国西海岸最大商港，美国最大集装箱港口、现代化邮轮中心，也是世界上最大的人工港口之一。

　　洛杉矶港位于美国西南部加利福尼亚州西南沿海圣佩德罗湾的顶端。其1月平均气温13.7℃，7月份平均气温23.4℃，盛行西风，多晴朗天气。全年平均降雨量约800毫米。

　　洛杉矶主要港区在圣佩德罗湾，由东西毗邻的洛杉矶港和长滩港组成。两港水深12～18米，可供18万吨以下船舶自由出入。港区面积约3 037万平方米；岸线总长约61千米，水

深约16米；泊位270个；码头27个，年货物吞吐量达1.2亿吨；此外，还有17个游艇停泊处，可容纳3 800艘游艇。

　　洛杉矶是美国3条横贯大陆的干线铁路起点，并通过南北向铁路与太平洋沿岸各大城市相连，港区内的主要集装箱码头也都有铁路线相连。

　　近年来，横跨美国东西部的双层集装箱专用列车的开通，使港口集装箱吞吐量大幅度增加，于2000年超过纽约港跃居全国第1位。2002年竣工的32 187米长的港口铁路线全程立交网络，工程投资达24亿美元，愈发便利了集装箱运输。

朝气蓬勃

　　洛杉矶原为印第安人的牧区村落。1781年西班牙殖民者来此建镇，1822年转手墨西哥，1846年美墨战争后归属美国。1850年设市并逐渐发展起来。

　　与之相比，洛杉矶港则要年轻得多。19世纪中叶，加利福尼亚掀起"淘金热"之后，大批移民来此从事农垦。为辅助旧金山的货运业务，同时运销西南部的农产品，美国政府决定

开辟洛杉矶港，挖掘航道，建筑码头。后来，机遇不断：东西向铁路建成，附近石油得到开发，巴拿马运河开通，好莱坞电影业兴起。第二次世界大战后，军火订货更是刺激了现代工业的崛起，商业、金融业、旅游业亦随之兴起，加上移民激增，洛杉矶迅速发展。

1999年，洛杉矶港口管理当局预测到集装箱吞吐量将会急速上升，于是决定大规模扩建洛杉矶港的现代化集装箱码头——投资3.38亿美元扩建港区面积（即美国建港历史上规模最大的疏浚和吹填造地工程），此举使洛杉矶的发展更加如火如荼。

经努力经营，洛杉矶终成今日气象——美国西部最大的工业中心、美国第三大城市，并以飞机制造业和石油工业著称于世：洛杉矶油田、美国三大飞机制造公司中的洛克希德公司和道格拉斯公司均设在这里。

流行风向标

洛杉矶三面环山，一面临海，树木葱郁，套房齐整，平坦广阔，四通八达，气韵开阔。它是全球流行文化的引领城市，提到大众娱乐——诸如电影、电视、音乐，全世界都将目光投向洛杉矶。举世闻名的好莱坞星光大道、环球影视城、全球首个迪斯尼乐园均落户此城。

↑ 洛杉矶迪斯尼乐园

↑ 好莱坞星光大道

温哥华——亦繁华亦自然

想要呼吸最新鲜的空气吗？想要畅享最清冽的自然吗？去温哥华吧！那里气候宜人，舒展一下肢体、放松一下心灵，尽享卓越生活！

加拿大最大港口

温哥华港位于弗雷泽河口，巴拉德湾内，濒临乔治亚海峡东南侧，靠近美国华盛顿州，是加拿大最繁忙的枢纽港，同时还是北美航线上的第三大港口；现有27座码头，年吞吐量可达7 000多万吨，它还是世界小麦主要出口港之一。

温哥华港是通往亚洲最便捷的北美大陆西北部港口，因而在加拿大与亚太地区特别是与中国的贸易发展中起到了重要的桥梁作用。

温哥华港是个天然良港，外围有温哥华岛作为屏障，潮差较小，由于受到阿拉斯加暖流影响，终年不冻。港区面积 130平方千米，水深12米以上，可供远洋巨轮出入。温哥华港口码头对于世界上任何船舶，包括超巴拿马型集装箱船，均没有对船舶宽度的限制。

温哥华港是一个原料和初级产品的转运站，主要出口货物为小麦、纸浆、林木产品、煤、硫黄等，进口货物主要有机械、电子电器等。

由于风景优美，加上距离温哥华市中心和国际机场很近，温哥华港成为北美大陆西海岸中最为理想的海上旅游目的地，其中以游览阿拉斯加的海上旅游客运业最为发达。其加拿大客船码头和巴兰丁游船码头是世界上规模最大的游船客运码头。

铁路、运河来相助

19世纪70年代，温哥华尚为伐木工人的居住地。之后，铁路为温哥华带来了福音：1886年加拿大太平洋铁路通达后，温哥华正式设市，港口和城市逐渐兴起，成为"通向东方的大门"；1887年横贯加拿大东西的大陆桥建成。温哥华拥有在北美大陆西海岸港口中服务范围最广泛、最发达的铁路运输服务网络，可直接从温哥华港口码头通向加拿大和美国的内陆腹地。

1915年巴拿马运河的开通更是锦上添花。加拿大西部地区生产的大量谷物和木材通过温哥华港，经过巴拿马运河直接运往欧洲，不仅降低了运输成本，更使温哥华港与世界各国直接进行贸易往来，终发展成为今日之著名国际港口。

↑斯坦利公园的原住民图腾柱

清爽卓越

来到温哥华，可以尽享卓越生活品质：这里气候十分宜人，夏季温度在20℃左右，而冬季也很少低于0℃。冰川覆盖的山脚下，众岛点缀海湾，绿意盎然，空气新鲜，令人神清气爽。撇开如画的风景不谈，看看这里的运动吧——帆船、垂钓、远足、滑雪。既想置身繁华闹市，又想亲近大自然吗？温哥华便是不二之选！

"从海洋到天空的比赛"

温哥华于2010年2月12日至28日举办了第21届冬季奥运会，"从海洋到天空的比赛"为赛会的口号。温哥华冬奥会首次使用波浪形奖牌，分量最重。奖牌每枚重达500~576克，进入奥运会历史上最重的奖牌之列。

斯坦利公园——北美最大最好的市内公园

斯坦利公园是世界知名的城市公园之一，位于温哥华市中心，是一个面积上千英亩、森林覆盖着的半岛。

公园内有海滩、湖泊、游乐园及野餐地点，沿着公园海边小径前行，风景无限迷人。公园有北美洲第三大水族馆温哥华水族馆，共有8 000多种海洋生物。

南美洲港城

Ports in South America

南美洲，一个热烈奔放的大陆，孕育出的港城自然格调独特——"狂欢之都""南美巴黎"，令人心潮澎湃。

里约热内卢——恣意狂欢

狂欢节、足球赛、桑巴舞——这就是里约热内卢！阳光、海水、沙滩，它热烈奔放、酣畅淋漓，堪称天堂；它还是世界天然良港、巴西最大进口港！这里没有平淡，只有浓烈极致！

世界天然良港

　　里约热内卢是巴西第二大城市和全国最大的海港之一；位于巴西东南部，南临大西洋，坐落在美丽的瓜纳巴拉湾内，港湾口窄内宽，外有岛屿屏蔽，是世界三大天然良港之一。

　　里约热内卢港属亚热带季风气候，盛行北风与东南风。年平均气温23℃，年均降水量1 100毫米，大多集中于12月至次年5月。港内平均潮位0.69米，最大潮差1.38米，最大水深13米。

　　里约热内卢港区在跨海湾大桥西端南侧沿湾岸布局，全港岸线总长7 500多米，共设50个泊位，是南美洲最大的船只停泊中心之一。该港曾长期为巴西第一大吞吐港，但20世纪80年代后期被圣多斯港超越。

里约热内卢是巴西仅次于圣保罗的经济中心，其印刷业和服装业在全国占有突出地位，钢铁、造船、石油工业发达。港口年吞吐量3 500万吨以上，进口占全国的1/4，是全国最大的进口港，出口占全国的1/5。进口主要物资有煤、石油等能源原料；输出物资有咖啡、蔗糖、皮革、铁锰矿石等。

桎梏下的舞者

里约热内卢，葡萄牙语意为"一月之河"。因1502年1月，葡萄牙船队来到此处，1月是里约热内卢的盛夏季节，阳光灿烂，鲜花盛开，水手们目睹如画海湾，唤之"一月之河"。此名充满诗情画意，极为浪漫。

之后，欧洲人来此定居，里约热内卢成为法国人走私巴西木的据点。1555年，法国人在海湾旁建立了永久居住地，并称之为"南方的法国"。

1565年，为对付法国人，葡萄牙人在这里建立了一座城市，命名为"一月之河的圣塞巴斯蒂安"，里约热内卢雏形初成。16世纪的葡萄牙为一海上强国，里约热内卢成为大西洋航线上的战略要地。

1720年，里约热内卢附近惊现黄金和钻石，其地位越发重要。

进入19世纪，拿破仑大军迫使葡萄牙王室及贵族逃到这里，这座南美洲的城市居然变成葡萄牙——一个欧洲国家的首都！

与日俱增的压迫，使反殖民统治的浪潮愈发汹涌。1822年，巴西宣布独立，里约热内卢成为

↑电影《2012》中的耶稣神像还记得吗？这座曾经世界最大的耶稣神像就位于里约热内卢！该神像位于山顶，高达30米，1931年落成。张开双臂的神像，象征着里约热内卢的热情接纳和宽阔胸怀，被评为"世界新七大奇迹"之一，凡在里约热内卢城中，举目可见呢！

巴西帝国首都。1889年，君主制被共和国取代，首都仍是里约热内卢。1960年，为促使内陆和沿海均衡发展，巴西首都迁至巴西利亚。目前，里约热内卢仍是巴西信息通讯、旅游、文化、金融和保险中心。

挥洒极致

"狂欢节之都""奇迹之城""上帝之城"等众多称号彰显着这座城市的浓墨重彩。这里"一城山水半城滩"，这里畅享阳光、海水、沙滩……足球赛，桑巴舞，狂欢节，这里热情奔放、轻松恣意——分明是"天堂"；这里贫富悬殊，犯罪猖獗——分明是"地狱"。里约热内卢就是这么一座城市，没有中庸，秉持极致。

↑桑巴舞

一个关于里约热内卢的故事

一个富人问躺在沙滩上晒太阳的流浪汉："这么好的天气，你为什么不出海打鱼？"流浪汉反问他："打鱼干嘛呢？"富人说："打了鱼才能挣钱呀。"流浪汉问："挣钱干嘛呢？"富人说："挣来钱你才可以买许多东西。"流浪汉又问："买来东西以后干嘛呢？"富人说："等你应有尽有时，就可以舒舒服服地躺在这里晒太阳啦！"流浪汉听了，懒洋洋地翻个身，说："我现在不是已经舒舒服服地躺在这里晒太阳了吗？"

一笑之余，里约热内卢人的生活态度可见一斑：悠闲，懒散，自得其乐。

布宜诺斯艾利斯——清新自由

"这座魂牵梦萦的城市／就像是映在镜子里的花园／虚幻而又拥挤／远近交汇／屋舍重叠不可企及……就在曙色／潜进所有朝东的窗口的同时／召唤晨祷的呼喊／从高高的塔台／飞向初明的天际／向这众神聚居的城市宣告／上帝的孤寂。"

——《布宜诺斯艾利斯的激情》（阿根廷）博尔赫斯

阿根廷最大海港

16世纪初，西班牙探险船队驶入拉普拉塔河口，但见阳光普照、葱翠广袤，一名船员不禁高呼："布宜诺斯艾利斯！"（意为"多新鲜的空气啊！"）这座港城由此得名。

布宜诺斯艾利斯港是阿根廷的最大海港，位于阿根廷东部沿海拉普拉塔河口西岸，桑博龙邦湾西北端，濒临大西洋的西南侧。

布宜诺斯艾利斯港属亚热带季风气候，全年平均降雨量为1 000毫米。平均潮差0.9米，有风影响时，潮差达1.5米以上 。港区沿海岸南北伸展，又分北、中、南3个港区。北港区又称新港区，码头岸线总长7 267米，30多个泊位，是全港最现代化港区。

布宜诺斯艾利斯港主要出口谷物、肉类、羊毛、钢材、皮革、机械及化工产品等，进口货物主要有化肥、铁矿砂、煤炭、精密仪器及石油产品等。为了增加集装箱吞吐量，阿根廷政府加大了港口的设备投资总额，以接卸超巴拿马型船只，并且利用蒙得维的亚港的中转优势，增加了中转货物吞吐量。

为自由而战

经历1516年和1580年两次移民浪潮后，布宜诺斯艾利斯早期依托贸易发迹，之后成为西班牙殖民地。17～18世纪，为便于征税，西班牙殖民者强制所有对欧贸易必须经由秘鲁利马，这严重损害了布宜诺斯艾利斯贸易商的利益。为缓和敌对情绪，西班牙国王于18世纪晚期决定终止该贸易政策并宣布布宜诺斯艾利斯为港口。

然而，自由和自由贸易理念势不可挡，当地西班牙裔市民最终于1810年5月25日，驱逐西班牙总督并建立临时政府，取得独立。5月25日（即五月革命日）现为阿根廷国庆日。

布宜诺斯艾利斯西临"世界粮仓"潘帕斯草原，加上19世纪下半叶的铁路建设便利了原材料运输，其经济实力剧增。20世纪20年代，它已令欧洲及阿根廷周边国家移民者趋之若鹜。信息、财富，通过港口源源不断注入布宜诺斯艾利斯。

作为新兴的多元文化城市，布宜诺斯艾利斯已成为阿根廷首都和政治、经济、文化中心，南美洲最大最繁荣的城市及南美洲最大的铁路枢纽。

↑五月广场，以"五月革命"命名，是布宜诺斯艾利斯老城区的中心，是阿根廷的象征。

↓潘帕斯草原

"潘帕斯"源于印第安语，意为"没有树木的大草原"，是南美洲独特的一种植被类型。潘帕斯草原以布宜诺斯艾利斯为中心，向西部扩展。这里夏无酷暑，冬无严寒，温和湿润，利于农牧业。

↑阿根廷的国粹是什么？探戈！探戈源自哪里呢？布宜诺斯艾利斯！

19世纪，大量欧洲和非洲移民涌入布宜诺斯艾利斯，为消解乡愁和寂寞，人们便开始起舞，移民带来的歌舞形式与当地土著文化相互融合，探戈就诞生了！

"南美巴黎"

"南美巴黎"布宜诺斯艾利斯坐落于一片大草原上，在这里，大可纵目驰骋，尽享清新氧气。这里阳光十分充足，不过不用担心太晒，市区的绿化极佳且多为树木，亭亭如盖，树影阴翳。这座城市历史留存，沧桑之余，积淀流传。这里的大街小巷，上演着支支探戈，舞步或如泣如诉或激越奔放，华丽炫目。当巴黎的浪漫遇上南美的晴明，那就是布宜诺斯艾利斯！

阅过世界著名港城，不禁赞叹人类的智慧和力量。正因为人类的聪颖，加上自然之优越，才造就了如此繁荣的海港、如此多彩的港城。正因为有了众多海港，财富才得以在全球流转。周转之中，新的价值被创造出来，新的文化被衍生出来。港城沟通往来，创造无限可能！

致 谢

　　本书在编创过程中，南非国家旅游局、新加坡国家旅游局、印度国家旅游局、德国国家旅游局、英国国家旅游局、韩国国家旅游局、日本国家旅游局、青岛港集团、中国海事服务网的马凯龙以及杨立敏、王伟胜、大马、张坚毅、田雨等机构和同志在资料图片方面给予了大力支持，在此表示衷心的感谢！书中参考使用的部分文字和图片，由于权源不详，无法与著作权人一一取得联系，未能及时支付稿酬，在此表示由衷的歉意。请相关著作权人见到声明后与我社联系。

　　联 系 人：徐永成

　　联系电话：0086-532-82032643

　　E-mail: cbsbgs@ouc.edu.cn

图书在版编目（CIP）数据

魅力港城/史宏达主编. —青岛：中国海洋大学出版社，2011.5

（畅游海洋科普丛书/吴德星总主编）

ISBN 978-7-81125-684-0

Ⅰ.①魅… Ⅱ.①史… Ⅲ.①港湾城市-青年读物 ②港湾城市-少年读物

Ⅳ.①TU984-49

中国版本图书馆CIP数据核字（2011）第058778号

魅力港城

出 版 人	杨立敏		
出版发行	中国海洋大学出版社有限公司		
社　　址	青岛市香港东路23号		
网　　址	http://www.ouc-press.com	**邮政编码**	266071
责任编辑	郑雪姣　电话　0532-85901092	**电子信箱**	xjzheng2007@yahoo.cn
印　　制	青岛海蓝印刷有限责任公司	**订购电话**	0532-82032573（传真）
版　　次	2011年5月第1版	**印　　次**	2011年5月第1次印刷
成品尺寸	185mm×225mm	**总 印 张**	95
总 字 数	800千字	**总 定 价**	398.00元